中等职业教育改革发展示范校建设规划教材编委会

主　任：刘贺伟

副主任：孟笑红

秘书长：黄　英

委　员：刘贺伟　孟笑红　黄　英　王文娟　王清晋　李　伟
　　　　佟洪军　陈　燕　朱克杰　张桂琴

秘　书：杨　慧

中等职业教育改革发展示范校建设规划教材

Office 办公软件应用

OFFICE BANGONG RUANJIAN YINGYONG

● 陈燕 杨玉萍 主编 ● 马飞 副主编 ● 刘贺伟 主审

化学工业出版社

·北京·

本教材以Windows 7为操作系统平台，以Office 2010办公软件为主要内容，主要包括计算机基础知识、Windows 7操作系统、Word文字处理软件、Excel电子表格处理软件、PowerPoint演示文稿软件、Internet应用等。

本教材按照教育部"中等职业学校计算机应用基础教学大纲"编写要求编写，本着实用性的原则，注重学生理论知识的学习和实际操作技能的掌握，体现"做中学，做中教"的教学理念，适合多媒体机房教学。

本教材适合具有一定设备条件的中等职业学校作为计算机应用基础课程教材，适合于中职学校各个专业的学生，也可作为计算机培训班及自学者的参考书。

图书在版编目（CIP）数据

Office办公软件应用/陈燕，杨玉萍主编. —北京：化学工业出版社，2015.4（2022.1重印）
中等职业教育改革发展示范校建设规划教材
ISBN 978-7-122-23289-2

Ⅰ.①O… Ⅱ.①陈… ②杨… Ⅲ.①办公自动化-应用软件-中等专业学校-教材 Ⅳ.①TP317.1

中国版本图书馆CIP数据核字（2015）第047331号

责任编辑：高　钰	文字编辑：云　雷
责任校对：王　静	装帧设计：刘丽华

出版发行：化学工业出版社（北京市东城区青年湖南街13号　邮政编码100011）
印　　装：天津盛通数码科技有限公司
787mm×1092mm　1/16　印张15¼　字数372千字　2022年1月北京第1版第6次印刷

购书咨询：010-64518888　　　　　　　售后服务：010-64518899
网　　址：http://www.cip.com.cn

凡购买本书，如有缺损质量问题，本社销售中心负责调换。

定　价：48.00元　　　　　　　　　　　　　　　　　　　　　版权所有　违者必究

前 言

随着计算机应用技术的不断发展,计算机技术已经成为人们生产、生活中必不可少的基础技能之一。在信息化技术不断深入发展的今天,社会需要大量掌握办公应用软件的人才。本课程是中等职业学校非计算机专业学生必修的基础课,通过本课程的学习,学生可以掌握计算机的基本知识和基本操作技能,并为后续计算机课程的学习和利用计算机解决实际问题奠定良好的基础。

本教材本着实用性的原则,采用系统的知识结构配以实际操作的方式,依据"教学大纲"中的教学任务将每一章的知识点进行系统的归纳,并设计出精心挑选的任务实例,使学生能够系统地掌握计算机应用基础的知识和技能。

本教材的编写体现了"做中学,做中教"的教学理念,授课环境以多媒体机房为主,书中的实例,与实际生产生活有着密切联系,有利于理论知识的学习和实际操作技能的掌握,达到理论与实际相结合的目的。

全书共分 6 章。内容有:计算机基础知识,Windows 7 操作系统,文字处理 Word 2010,Excel 2010,PowerPoint 2010,计算机网络与 Internet 应用。

参与本书编写的人员都是长期从事计算机基础教学和研究的一线教师,本书由陈燕、杨玉萍主编,马飞副主编,刘贺伟主审。具体分工如下:第 1 章由杨玉萍负责编写,第 2 章由张妍和赵艳茹负责编写,第 3 章由陈美伊和隋恩负责编写,第 4 章由田华和王峥嵘负责编写,第 5 章由李响和王静负责编写,第 6 章由石键和梁永辉负责编写。

在本书的编写过程中,由于时间仓促,编者水平有限,不当或疏漏之处,敬请广大读者批评指正。

编 者

目 录

第1章 计算机基础知识　　1

1.1 计算机入门 ... 1
1.1.1 计算机的发展 ... 1
1.1.2 计算机的特点 ... 2
1.1.3 计算机的分类 ... 3
1.1.4 计算机的应用 ... 4
1.2 计算机的组成 ... 5
1.2.1 计算机系统的组成 ... 5
1.2.2 计算机的软件系统 ... 10
1.2.3 计算机的工作原理 ... 11
1.3 键盘与指法 ... 13
1.3.1 键盘及分区 ... 13
1.3.2 键盘指法 ... 15
1.4 计算机的安全与维护 ... 16
1.4.1 计算机安全知识 ... 17
1.4.2 计算机病毒与防护 ... 17
课后习题 ... 19
综合实训 ... 20

第2章 Windows 7 操作系统　　22

2.1 Windows 7 入门 ... 22
2.1.1 Windows 7 操作系统的启动与退出 ... 23
2.1.2 Windows 7 桌面 ... 24
2.1.3 Windows 7 任务栏与"开始"菜单 ... 25
2.1.4 Windows 7 窗口与对话框 ... 28
2.2 资源管理 ... 31
2.2.1 文件和文件夹 ... 31
2.2.2 资源管理器的使用 ... 32
2.2.3 磁盘管理 ... 37
2.3 控制面板 ... 39
2.3.1 Windows 7 控制面板介绍 ... 39
2.3.2 Windows 7 控制面板应用 ... 40
2.4 Windows 7 应用程序工具 ... 44
2.4.1 附件 ... 44

2.4.2 桌面小工具 47
2.4.3 管理工具 48
课后习题 51
综合实训 52

第3章 文字处理 Word 2010 53

3.1 Word 2010 入门 53
3.1.1 Office 2010 简介 53
3.1.2 Word 2010 简介 54
3.1.3 Word 2010 的窗口界面 54
3.1.4 文档的基本操作 56

3.2 基本排版 58
3.2.1 文档内容的输入 58
3.2.2 文档的编辑 58
3.2.3 查找与替换 59
3.2.4 自动更正与拼写检查 61
3.2.5 格式化文档 62

3.3 高级排版 66
3.3.1 项目符号和编号 66
3.3.2 分栏 68
3.3.3 首字下沉 68
3.3.4 脚注、尾注和题注 69
3.3.5 边框和底纹 70

3.4 图文混排 73
3.4.1 图形图片与剪贴画 73
3.4.2 绘制图形 79
3.4.3 艺术字 82
3.4.4 文本框 86
3.4.5 图文混排 95

3.5 表格 103
3.5.1 创建表格 103
3.5.2 编辑表格 107
3.5.3 格式化表格 111
3.5.4 表格数据处理 115

3.6 页面设置与打印 119
3.6.1 页面的设置 119
3.6.2 页眉、页脚与页码 124
3.6.3 打印与预览 128

课后习题 132
综合实训 136

第4章 Excel 2010　139

- 4.1 Excel 2010 入门 ... 139
  - 4.1.1 Excel 2010 简介 ... 139
  - 4.1.2 Excel 2010 的窗口界面 ... 140
  - 4.1.3 创建 Excel 工作表 ... 141
  - 4.1.4 编辑 Excel 工作表 ... 144
- 4.2 格式化 Excel 工作表 ... 146
  - 4.2.1 单元格格式化 ... 146
  - 4.2.2 自动套用格式 ... 152
- 4.3 数据计算 ... 154
  - 4.3.1 公式 ... 154
  - 4.3.2 函数 ... 157
- 4.4 图表的创建 ... 159
  - 4.4.1 建立图表 ... 159
  - 4.4.2 编辑图表 ... 163
- 4.5 数据管理 ... 168
  - 4.5.1 数据的排序 ... 168
  - 4.5.2 数据筛选 ... 170
  - 4.5.3 分类汇总 ... 171
  - 4.5.4 创建数据透视表 ... 173
- 4.6 打印工作表 ... 176
  - 4.6.1 设置打印格式 ... 176
  - 4.6.2 打印工作表 ... 177
- 课后习题 ... 179
- 综合实训 ... 180

第5章 PowerPoint 2010　183

- 5.1 PowerPoint 2010 入门 ... 183
  - 5.1.1 PowerPoint 2010 简介 ... 183
  - 5.1.2 PowerPoint 2010 窗口界面 ... 183
  - 5.1.3 PowerPoint 2010 的创建与保存 ... 185
- 5.2 制作幻灯片 ... 189
  - 5.2.1 幻灯片版式 ... 189
  - 5.2.2 添加文本对象 ... 190
  - 5.2.3 添加图形对象 ... 191
  - 5.2.4 幻灯片的编辑 ... 194
  - 5.2.5 幻灯片的放映 ... 195
- 5.3 动画设置 ... 197
  - 5.3.1 创建超链接 ... 197

5.3.2 设置动画效果 198
5.3.3 设置幻灯片切换效果 201
5.4 PowerPoint 文稿打印与打包演示动画设置 202
5.4.1 页面设置 202
5.4.2 打印演示文稿 202
5.4.3 演示文稿的打包 203
课后习题 205
综合实训 205

第 6 章 计算机网络与 Internet 应用 — 207

6.1 计算机网络的基本概念、分类以及组成 207
6.1.1 计算机网络的基本概念 207
6.1.2 计算机网络的分类 208
6.1.3 计算机网络的组成 209
6.1.4 计算机网络的协议 213
6.1.5 计算机局域网 215
6.1.6 Internet 概述 216
6.1.7 Internet 接入 217
6.1.8 IP 地址 220
6.1.9 域名 221
6.1.10 万维网（WWW） 221
6.2 Internet 应用 222
6.2.1 浏览器的使用 222
6.2.2 搜索引擎的使用 224
6.2.3 门户网站 226
6.2.4 收发电子邮件 227
6.2.5 下载文件 229
课后习题 230
综合实训 231

参考文献 — 233

第 1 章

计算机基础知识

本章学习要点

1. 了解计算机的发展过程、各阶段的主要特点和计算机的广泛应用。
2. 了解计算机系统的组成部件和工作原理。
3. 了解计算机软件系统的分类,学会区分系统软件和应用软件。
4. 了解计算机常用键盘的键区和主要键符的功能与作用,掌握键盘操作的基本指法。
5. 了解计算机相关的信息安全知识。
6. 了解计算机的病毒及如何进行防范。

1.1 计算机入门

进入 21 世纪,以计算机科学技术、网络技术和通信技术相结合为特点的信息时代已经到来。面对浩如烟海的信息和知识,如何有效地进行存储、加工、处理、索引和传递,计算机当之无愧能够优质高效的完成。计算机的应用已经渗透到人们生产生活的各个领域,成为人们日常工作、学习和生活必不可少的工具。

1.1.1 计算机的发展

(1)计算机的发展阶段

计算机的发明无疑是 20 世纪人类最伟大的发明之一。1946 年 2 月 14 日,世界上第一台电子计算机 ENIAC(埃尼阿克)在美国宾夕法尼亚大学诞生,由莫克利和埃克特领导研制而成,如图 1-1 所示。

这个庞然大物使用了 18000 多个电子管,重量达 30 吨,占地面积约 167 平方米,耗电 150 千瓦,计算速度为每秒 5000 次加法。按照计算机所采用的电子器件或逻辑元件的不同,计算机的发展主要经历了四

图 1-1 世界上第一台计算机(ENIAC)

个发展阶段，见表 1-1。

表 1-1　计算机的发展阶段

发展阶段	电子器件	软　　件	执行速度（次/秒）	应用领域
第一代（1946~1958年）	电子管	机器语言、汇编语言	几千至几万	军事国防、科学计算
第二代（1959~1964年）	晶体管	高级语言、操作系统	几万至几十万	数据处理、工业控制
第三代（1965~1970年）	中、小规模集成电路	多种高级语言、完善的操作系统	几十万至几百万	科学计算、数据处理与过程控制
第四代（1971年至今）	大规模、超大规模集成电路	数据库管理系统、网络操作系统等	几百万至上百亿	社会生活的各个领域

（2）计算机的发展趋势

从结构和功能方面来看，当前计算机正向着巨型化、微型化、网络化、智能化和多媒体化的方向发展。1983 年，中国第一台被命名为"银河"的亿次巨型电子计算机历经 5 年研制，在国防科技大学诞生。它的研制成功向全世界宣布：中国成了继美国、日本等国之后，能够独立设计和制造巨型机的国家。2013 年 6 月 17 日，国际 TOP500 组织公布了最新全球超级计算机 500 强排行榜榜单，中国国防科学技术大学研制的"天河二号"以每秒 33.86 千万亿次的浮点运算速度，成为全球最快的超级计算机。2014 年 6 月 23 日，"天河二号"超级计算机以比第二名美国"泰坦"超级计算机快近一倍的速度，连续第三次获得冠军。"天河二号"的成功，标志着我国在巨型机的研发上已经进入世界先进行列。中国现在的网民有三亿多，微型机的普及率也非常高。未来将会出现超导计算机、纳米计算机、DNA 计算机、量子计算机、神经网络计算机、化学生物计算机和光计算机等类型。

1.1.2　计算机的特点

（1）计算机的特点

计算机是一种能够按照指令快速而高效地完成信息处理的数字化电子设备。它能够按照人们事先编写的程序对原始输入数据自动进行加工处理、存储或传送，以便获得所期望的输出信息，其工作过程有以下几个特点。

① 运算速度快。现代计算机数据处理的速度非常快，巨型机可达每秒上千万亿次运算，是其他任何工具都无法比拟的，极大地提高了人们的工作效率。

② 计算精度高。在计算机内部数据采用二进制表示，二进制位数越多表示数的精度就越高。目前计算机的计算精度已经能达到几十位有效数字。从理论上说随着计算机技术的不断发展，计算精度可以提高到任意精度。

③ 具有强大的存储和记忆能力。计算机的存储器，能够将输入的原始数据、计算机的中间结果及程序等信息保存起来，提供给计算机系统反复调用。计算机的记忆功能是由计算机的存储器来衡量的。目前一台微型计算机的硬盘容量可以达到几百 GB。

④ 具有逻辑判断能力。计算机不仅可以处理数值数据，还能够对数据信息进行比较、判断等逻辑运算，是计算机实现信息处理自动化和智能化的重要因素，使计算机广泛应用于信息检索、图形识别和各种多媒体等领域。

⑤ 具有自动控制能力。计算机就是将数据和程序通过输入设备输入并保存在存储器中，执行程序时按照程序中指令的逻辑顺序自动连续地把指令依次取出来并执行，在此过程中一般无需人直接干预、处理和控制过程，完全由计算机自动执行。

(2）计算机技术发展的特点

① 多极化。如今，个人计算机已席卷全球，但由于计算机应用的不断深入，对巨型机、大型机的需求也稳步增长，巨型、大型、小型、微型机各有自己的应用领域，形成了一种多极化的形势。如巨型计算机主要应用于天文、气象、地质、核反应、航天飞机和卫星轨道计算等尖端科学技术领域和国防事业领域，它标志一个国家计算机技术的发展水平。

② 智能化。智能化使计算机具有模拟人的感觉和思维过程的能力，使计算机成为智能计算机。这也是目前正在研制的新一代计算机要实现的目标。智能化的研究包括模式识别、图像识别、自然语言的生成和理解、博弈、定理自动证明、自动程序设计、专家系统、学习系统和智能机器人等。目前，已研制出多种具有人的部分智能的机器人。

③ 网络化。所谓计算机网络化，是指用现代通信技术和计算机技术把分布在不同地点的计算机互联起来，组成一个规模大、功能强、可以互相通信的网络结构。网络化的目的是使网络中的软件、硬件和数据等资源能被网络上的用户共享。由于计算机网络实现了多种资源的共享和处理，提高了资源的使用效率，因而深受广大用户的欢迎，得到了越来越广泛的应用。

④ 多媒体。多媒体计算机是当前计算机领域中最引人注目的高新技术之一。多媒体计算机就是利用计算机技术、通信技术和大众传播技术，来综合处理多种媒体信息的计算机。这些信息包括文字、文本、图形、声音、视频图像等。多媒体技术使多种信息建立了有机联系，并集成为一个具有人机交互性的系统。多媒体计算机将真正改善人机界面，使计算机朝着人类接受和处理信息的最自然的方式发展。

1.1.3 计算机的分类

① 按信息表现形式和对信息处理方式的不同，可将计算机分为数字计算机（数字量，离散的）、模拟计算机（模拟量，连续的）和混合计算机。

② 按计算机的用途的不同，可将计算机分为通用计算机和专用计算机。

③ 按计算机的规模和性能指标，可将计算机分为巨型计算机、大型计算机、小型计算机、工作站和微型计算机等。

a．巨型计算机（或称为超级计算机）。超级计算机是计算机中功能最强、运算速度最快、存储容量最大的一类计算机，多用于国家高科技领域和尖端技术研究，是一个国家科研实力的体现，它对国家安全、经济和社会发展具有举足轻重的意义，是国家科技发展水平和综合国力的重要标志。生产巨型机的公司有美国的 Cray 公司、TMC 公司，日本的富士通公司、日立公司等。我国研制的银河机也属于巨型机，具有每秒 33.86 千万亿次的浮点运算速度。

b．大型计算机。大型计算机包括通常所说的大、中型计算机。一般用于大型事务处理系统，特别是过去完成的且不值得重新编写的数据库应用系统方面，其应用软件通常是硬件本身成本的好几倍，因此大型机仍有一定地位。IBM 公司一直在大型主机市场处于霸主地位，DEC、富士通、日立、NEC 也生产大型主机。不过随着微机与网络的迅速发展，大型主机正在走下坡路，正在被高档微机群取代。

c．小型计算机。相对于大型计算机而言，小型计算机的软件、硬件系统规模比较小，但价格低、可靠性高、便于维护和使用，通常用于部门计算。

d．工作站。工作站是一种以个人计算机和分布式网络计算为基础，主要面向专业应用领域，具备强大的数据运算与图形、图像处理能力，为满足工程设计、动画制作、科学研究、软件开发、金融管理、信息服务、模拟仿真等专业领域而设计开发的高性能计算机。另外，连接到服务器的终端机也可称为工作站。

e. 微型计算机。微型计算机简称"微型机"、"微机",以其执行结果精确、处理速度快捷、性价比高、轻便小巧等特点迅速进入社会各个领域。由微型计算机配以相应的外围设备(如打印机)及其他专用电路、电源、面板、机架以及足够的软件构成的系统叫做微型计算机系统,即通常说的电脑。

1.1.4 计算机的应用

计算机的应用已经渗透到社会的各行各业,正在悄然地改变着人们的工作、学习和生活方式,推动着社会不断向前发展。计算机的应用领域主要包括以下几个方面。

(1) 科学计算。

科学计算是指利用计算机来完成科学研究和工程技术中提出的数学问题的计算。在现代科技工作中,科学计算的问题是大量和复杂的。利用计算机的高速计算、大容量存储和连续运算的能力,可以实现人工无法解决的各种科学计算问题。科学计算应用于高能物理、工程设计、地震预测、气象预报、航天技术等。

(2) 数据处理。

数据处理是指对各种数据进行收集、存储、整理、分类、统计、加工、利用和传播等一系列的统称。目前数据处理广泛地应用于办公自动化、企事业计算机辅助管理与决策、情报检索、图书管理、电影电视动画设计、会计电算化等。

(3) 计算机辅助技术。

计算机辅助技术包括 CAD、CAM、CAI。

① 计算机辅助设计(Computer Aided Design,简称 CAD)。在工程和产品设计中,计算机可以帮助设计人员担负计算、信息存储和制图等工作。设计人员通常用草图开始设计,将草图变为工作图的繁重工作可以交给计算机完成,提高了设计速度和设计质量。它广泛地应用于飞机、汽车、电子、机械、建筑等领域。

② 计算机辅助制造(Computer Aided Manufacturing,简称 CAM)。计算机辅助制造是指在机械制造业中,利用电子数字计算机通过各种数值控制机床和设备,自动完成离散产品的加工、装配、检测和包装等制造过程。使用 CAM 技术可以提高产品质量,降低成本,缩短生产周期,提高生产率和改善劳动条件。将 CAD 和 CAM 技术集成,实现设计生产自动化,这种技术被称为计算机集成制造系统,它的实现将真正做到无人化工厂。

③ 计算机辅助教学(Computer Aided Instruction,简称 CAI)。是在计算机辅助下进行的各种教学活动,以对话方式与学生讨论教学内容、安排教学进程、进行教学训练的方法与技术。CAI 克服了传统教学情景方式上单一、片面的缺点,有效地缩短学习时间、提高教学质量和教学效率,实现最优化的教学目标。它朝着网络化、标准化、虚拟化和合作化的方向发展。

(4) 过程控制。

过程控制是利用计算机及时采集检测数据,按最优值迅速地对控制对象进行自动调节或自动控制,它不仅可以大大提高控制的自动化水平,而且可以提高控制的及时性和准确性,从而改善劳动条件、提高产品质量及合格率。过程控制广泛应用于机械、冶金、化工、石油、水电、纺织、航天等部门。

(5) 人工智能。

人工智能是计算机模拟人类的智能活动,例如感知、判断、理解、学习、问题求解和图像识别等。人工智能已开始走向实用阶段,它能模拟高水平医学专家进行疾病诊疗的专家系统,具有一定思维能力的智能机器人等。

（6）网络与通信。

计算机网络与通信是将地理位置不同的具有独立功能的多台计算机及其外部设备，通过通信线路连接起来，在网络操作系统、网络管理软件及网络通信协议的管理和协调下，达到资料共享和信息的交流与传递。

1.2 计算机的组成

1.2.1 计算机系统的组成

一套基本的微机系统由主机箱、显示器、音箱、打印机、鼠标、键盘组成，主机箱上有音频插孔、USB 接口、重启按钮、开机按钮和光驱，如图 1-2 所示。

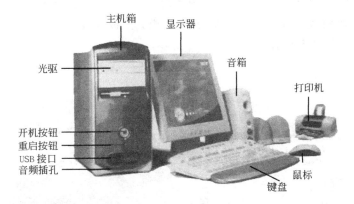

图 1-2　微机系统的组成

一个完整的计算机系统由硬件系统和软件系统两大部分组成，如图 1-3 所示。

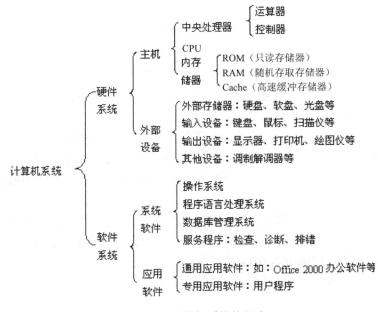

图 1-3　计算机系统的组成

硬件系统是计算机系统中由电子、机械和光电元件组成的各种计算机部件和设备的总称，是计算机完成各项工作的物质基础，是构成计算机的看得见、摸得着的物理部件，它是计算机的"躯壳"。计算机的硬件系统从外观上是由主机和外部设备组成的，由运算器、控制器、存储器、输入设备和输出设备五大部件组成。主机主要由中央处理器和内存储器组成。

（1）中央处理器（CPU）

CPU 也称微处理器，是计算机的核心元件，由运算器和控制器组成。CPU 的主要性能指标有主频、外频、倍频、二级缓存等。目前市场上主流的 CPU 芯片是英特尔酷睿 i7、AMD 速龙、GPU A8 系列等微处理器。英特尔酷睿微处理器如图 1-4 所示。

（2）主板

主板是安装在机箱内的一块矩形电路板，是计算机最基本、最重要的部件之一。主板上面有 CPU 插座、内存插槽、板卡扩展槽、主板芯片组、BIOS 系统和 I/O 接口等。

主板上连接 CPU 和各器件的一组信号线称为总线，用于传递数据和信息。总线按功能可分为：控制总线 CB、地址总线 AB 和数据总线 DB 三类。主板有技嘉、华硕、微星等品牌。技嘉 GA-B85-HD3 主板如图 1-5 所示。

图 1-4 英特尔酷睿微处理器

图 1-5 技嘉 GA-B85-HD3 主板

（3）存储器

存储器可分为外存储器、内存储器和高速缓冲存储器。

① 内存储器。内存储器也称主存储器，简称内存或主存，是微型计算机的重要部件之一。用来存放当前使用的数据和运行的程序等。

内存一般是由半导体器件组成的，可分为只读存储器 ROM 和随机存取存储器 RAM。ROM 里的信息只能读出不能写入，断电后信息不会丢失。RAM 里的信息既可读出，又可写入，可由用户更改，断电后信息消失。主机箱中的内存条就是将 RAM 集成若干芯片组成的，插在主板上的插槽上。

内存的容量和质量影响着计算机的运行速度，其性能指标主要有速度、容量等。容量的基本单位是字节（B），一个字节是由八位二进制数组成的。1KB=1024 字节=2^{10}B，1MB=1024KB=2^{20}B，1GB=1024MB=2^{30}B，1TB=1024GB=2^{40}B……

常见的内存条有 DDR2 和 DDR3 等类型。内存条的品牌有金士顿、三星等品牌。金士顿 DDR2 内存条如图 1-6 所示。

图 1-6　金士顿 DDR2 内存条

② 外存储器。外存储器也称辅助存储器，简称外存或辅存，用于存放大量暂时不用参加运算或处理的系统文件、应用程序、文档和数据等。常见的外存有硬盘、软盘、光盘、U 盘等。

硬盘是计算机最重要的外存设备，与硬盘驱动器一起封装在壳体内。按照与计算机连接方式的不同，硬盘可分为固定在主机箱里的内置式（如图 1-7 所示的希捷 2TB 硬盘）和诸如移动硬盘的外置式（如图 1-8 所示的希捷 2TB 移动硬盘）两种。除了常见的硬盘，还有固态硬盘和液态硬盘。硬盘的性能指标主要有主轴转数、容量、寻道时间、高速缓存、读写速度等。硬盘的容量也从 3GB 到了 3TB 不等。相对硬盘存储器，还有软盘，由于容量小、易损坏，基本上已经被市场所淘汰。

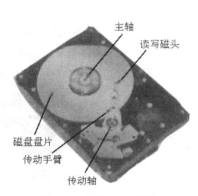

图 1-7　希捷 2TB 硬盘　　　　　　　　图 1-8　希捷 2TB 移动硬盘

光盘是利用激光的光学方式进行读写信息的存储设备，由光盘和光盘驱动器组成，如图 1-9 所示。光盘按用途可分为只读型和可记录型两种。常见的光盘有 CD-ROM、DVD-ROM、CD-R、DVD-R 等。CD 光盘的容量接近 700MB，常用的单面 DVD 光盘容量约为 4.7GB。

U 盘是 USB 闪盘的简称，是一个有 USB 接口、无需物理驱动器的微型高容量可移动存储设备。U 盘用 USB 接口与电脑相连，实现即插即用。相比移动硬盘，U 盘具有体积小、容量小的特点。U 盘的容量一般是 4GB、8GB、16GB、32GB 等。如图 1-10 所示是金士顿 32GB 的 U 盘。

图 1-9　光盘和光盘驱动器　　　　　　　图 1-10　金士顿 32GB 的 U 盘

③ 高速缓冲存储器（Cache）。缓冲存储器是为了解决 CPU 和主存之间速度不匹配采用的一项技术。Cache 是介于 CPU 和主存之间的小容量存储器，但存取速度比主存快。它和主存储器一起构成一级的存储器。开始的高速小容量存储器就被人称为一级缓存，某些机器甚至有二级三级缓存，每级缓存比前一级缓存速度慢且容量大。高速缓冲存储器和主存储器之间信息的调度和传送是由硬件自动进行的。高速缓冲存储器最重要的技术指标是它的命中率。

（4）输入设备

输入设备是将文本、数字、图像、声音、视频等外部信息，转变为数据输入到计算机中进行加工处理，用户和计算机系统之间进行信息交换的主要装置之一。键盘和鼠标是最常用的输入设备，其他还有扫描仪、数码相机、触摸屏、摄像头、手写笔、手写输入板、语音输入装置等，如图 1-11 所示。

(a) 键盘和鼠标　　(b) 手持扫描仪　　(c) 数码相机

(d) 摄像头　　(e) 手写笔　　(f) 触摸屏

图 1-11　常见的输入设备

① 键盘。键盘是计算机中最常用的输入设备之一。它实现了用户和计算机之间进行联系和对话。键盘的主要功能是把文字信息和控制信息输入到计算机，其中文字信息的输入是其最重要的功能。键盘的种类有很多，曾有 101 键、102 键、104 键，现在常用的台式机的键盘就是 107 键的。键盘有机械式、电容式和机电式三种，电容式键盘用得最多。键盘的接口有 PS/2、USB 和无线三种，普通的 PC 台式机键盘采用的就是 PS/2 接口。

② 鼠标。与键盘相比，鼠标是使用更灵活的输入设备。其主要功能是进行光标定位或完成特定的输入。按工作原理的不同，鼠标可分为机械式、光电式和光机式三种。PC 机的鼠标通常有两个或三个按键，两个按键中间有一个滚轮。鼠标左键比较常用，用于拾取、定位和执行多种操作；右键为快捷菜单选择键，中间的滚轮主要用来滚动屏幕显示信息。按接口类型的不同，鼠标可分为串行鼠标、总线鼠标、PS/2 鼠标、USB 鼠标。USB 鼠标已成为当今的主流。其他还有无线鼠标、3D 振动鼠标等。

③ 扫描仪。扫描仪是利用光电技术和数字处理技术，以扫描方式将图形或图像信息转换为数

字信息的装置,通过捕获图像并将之转换成计算机可以显示、编辑、存储和输出的数字化输入设备。按扫描原理划分,扫描仪可分为滚筒式、手持式和平板式扫描仪三大类。近几年出现了笔式扫描仪、便携式扫描仪、自动馈纸式扫描仪、胶片扫描仪、底片扫描仪和名片扫描仪等。扫描仪的核心部件是光学读取装置和模数转换器。常用的光学读取装置有 CCD 和 CIS 两种。扫描仪的性能指标主要有光学分辨率、灰度级、色彩数、扫描速度和扫描幅面等。扫描仪有佳能、爱普生、紫光、惠普等品牌。

④ 数码相机。数码相机是一种利用电子传感器把光学影像转换成电子数据的照相机。与传统相机相比,数码相机不再使用胶卷,而是将外界的图像感应到相机内的 CCD 感光芯片上,经过数字处理后,直接存储到相机的存储介质上,也可直接连接到计算机上使用。按用途可分为单反相机、微单相机、卡片相机、长焦相机和家用相机等。数码相机有索尼、尼康、佳能、三星等品牌。

⑤ 触摸屏。触摸屏又称为"触控屏"、"触控面板",是一种可接收触头等输入信号的感应式液晶显示装置,当接触了屏幕上的图形按钮时,屏幕上的触觉反馈系统可根据预先编程的程式驱动各种连接装置,可用以取代机械式的按钮面板,并借由液晶显示画面制造出生动的影音效果。触摸屏作为一种新的输入设备,是目前最简单、方便、自然的一种人机交互方式。它赋予了多媒体崭新的面貌,是极富吸引力的全新多媒体交互设备。主要应用于公共信息的查询、领导办公、工业控制、军事指挥、电子游戏、点歌点菜、多媒体教学、房地产预售等。从技术原理来划分,触摸屏可分为电阻式触摸屏、电容式触摸屏、压电式触摸屏、红外线式触摸屏、表面声波触摸屏等。

(5)输出设备

输出设备是计算机硬件系统的终端设备,用于接收计算机数据的输出显示、打印、声音、控制外围设备等操作,也把各种计算结果数据或信息以数字、字符、图像、声音等形式表现出来。显示器是最常用的输出设备,其他还有打印机、音箱、投影仪、绘图仪、影像输出系统、语音输出系统等,如图 1-12 所示。

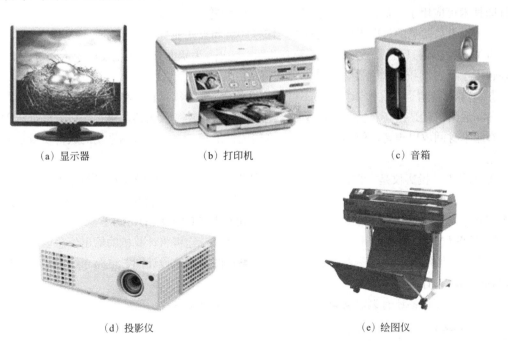

(a)显示器　　(b)打印机　　(c)音箱

(d)投影仪　　(e)绘图仪

图 1-12　常见的输出设备

① 显示器。显示器通常也被称为监视器或屏幕。它是一种将一定的电子文件通过特定的传输设备显示到屏幕上再反射到人眼的显示工具，是用户与计算机之间进行交互的主要信息窗口。显示器可分为阴极射线管（CRT）显示器、液晶显示器（LCD）、发光二极管（LED）显示器、等离子（PDP）显示器和 3D 显示器。目前液晶显示器得到了广泛的应用。显示器的技术参数主要有可视角度、点距、色彩度、对比值、亮度值和响应时间等。

② 打印机。打印机是计算机常用的输出设备之一，用于将计算机的处理结果打印在相关介质上。打印机的种类有很多。按照数据传输方式可分为串行打印机和并行打印机两类。按工作原理可分为击打式和非击打式两大类。按工作方式可分为针式打印机、喷墨式打印机和激光打印机。按用途可分为办公和事务通用打印机、商用打印机、专用打印机。还有诸如蓝牙打印机、家用打印机、便携式打印机和网络打印机等。

a. 针式打印机，从 9 针到 24 针，很长一段时间上在打印机的历史上曾占有着重要的地位。它具有成本低、易操作的特点。目前市场上的是 24 针的打印机，主要用在银行、超市等用于票单打印很少的地方。它的缺点是噪声大，不过它可以实现连页打印，适合于大型表格的打印等。

b. 喷墨打印机，其优点是打印效果好、噪声小、价格低廉、具有灵活的纸张处理能力，因而占据了广大中低端市场。在打印介质的选择上，喷墨打印机既可以打印信封、信纸等普通介质，还可以打印各种胶片、照片纸、光盘封面、卷纸、T 恤转印纸等特殊介质。

c. 激光打印机，是高科技发展的一种产物，也是有望代替喷墨打印机的一种机型，分为黑白和彩色两种。它提供了更高质量、更快速、更低成本的打印方式。低端黑白激光打印机的价格已经降到了几百元，而彩色激光打印机的价位一般都在两千元左右。虽然激光打印机的价格要比喷墨打印机的昂贵得多，但从单页的打印成本上讲，激光打印机则要便宜很多。

d. 三维立体打印机，也称三维打印机，是快速成型的一种工艺，它是把液态光敏树脂材料、熔融的颜料丝、石膏粉等材料通过喷射黏结剂或挤出等方式实现层层堆积叠加形成三维实体。三维打印技术可应用于机械加工、医学工程和家庭消费等。

除了以上最常见的打印机外，还有热转印打印机和大幅面打印机等几种应用于专业方面的打印机机型。热转印打印机一般用于印前及专业图形输出。大幅面打印机主要用于工程与建筑领域，逐渐也用于广告制作、大幅摄影、艺术写真和室内装潢等。

③ 音箱。音箱是多媒体计算机必不可少的设备之一。音箱是指可将音频信号转变为声音的一种设备。通俗讲就是指音箱主机箱体或低音炮箱体内自带功率放大器，对音频信号进行放大处理后由音箱本身回放出声音，使其声音变大。音箱的性能高低对一个音响系统的放音质量起着关键的作用。

④ 投影仪。投影仪是一种可以将图像或视频投射到幕布上的设备，可以通过不同的接口同计算机、VCD、DVD、DV、游戏机等相连播放相应的视频信号。投影仪广泛应用于家庭、办公室、学校和娱乐场所。根据工作方式的不同，投影仪可分为 CRT、LCD、DLP 等不同类型。

⑤ 绘图仪。绘图仪是人们要求自动绘制图形的设备。它可将计算机的输出信息以图形的形式输出，主要可绘制各种管理图表和统计图、大地测量图、建筑设计图、电路布线图、各种机械图和计算机辅助设计图等。

其他的外部设备还有调制解调器、声卡、网卡、显卡、视频卡等。

1.2.2 计算机的软件系统

计算机的软件系统指各种各样的指挥计算机工作的程序或指令的集合，包括系统软件和应用软件。软件系统在生活中应用的非常广泛。比如笔记本安装的 Windows 7 系统,办公处理软件 Microsoft Office,在虚拟环境下进行的网络游戏,给我们带来感观冲击的电脑特技等,让我们的生活变得越来越丰富多彩。

(1)系统软件

系统软件主要用于计算机系统内部的管理、控制和维护。

系统软件可分为操作系统、程序语言处理系统、数据库系统等。操作系统用于管理计算机的资源和控制程序的运行。程序语言处理系统是用于处理软件语言等的软件,如编译程序等。数据库系统是用于支持数据管理和存取的软件,它包括数据库、数据库管理系统等。

常见的操作系统有 Windows 系列操作系统、Unix 类操作系统、Linux 类操作系统和 Mac 操作系统等。

(2)应用软件

应用软件是为解决各种实际问题而专门设计的程序并实现某种用途的软件。它可以拓宽计算机系统的应用领域,放大硬件的功能。应用软件有很多种,比如有聊天软件 QQ、MSN 等,办公软件 Office、WPS 等,安全软件 360 安全卫士、金山卫士等,压缩软件 RAR、ZIP、好压等。

1.2.3 计算机的工作原理

计算机的工作原理最初是由美籍匈牙利数学家冯·诺依曼于 1945 年提出来的,故称为冯·诺依曼原理。

(1)冯·诺依曼的设计思想

随着近年来计算机的发展,虽然计算机系统从性能指标、运算速度、工作方式、应用领域和价格等许多方面,都发生了巨大的变化,但是基本的体系结构没变,仍属于冯·诺依曼计算机。冯·诺依曼的设计思想重点在于他明确提出了"程序存储"的概念。他的设计思想可以概括为以下三点。

① 计算机是由运算器、控制器、存储器、输入和输出设备五大基本部件组成。

② 计算机内部采用二进制来表示数据和指令。每条指令一般都具有一个操作码和一个地址码。其中,操作码表示运算性质,地址码指出操作数所在存储器的位置。

③ 将编好的程序和原始数据送入内存中,然后启动计算机进行工作,计算机在不需操作人员干预的情况下,自动逐条取出指令和执行任务。

(2)计算机的工作原理

计算机在运行时,先从内存中取出第一条指令,通过控制器的译码,按指令的要求,从存储器中取出数据进行指定的运算和逻辑操作等加工,然后再按地址把结果送到内存中去。接下来,再取出第二条指令,在控制器的指挥下完成规定操作。依此进行下去,直至遇到停止指令。程序与数据一样存储,按程序编排的顺序,一步一步地取出指令,自动地完成指令规定的操作。图 1-13 所示的就是计算机的工作原理图(图中实线为数据流,虚线为控制流)。从图中可以看出,输入设备在控制器控制下输入解题程序和原始数据,控制器从存储器中依次读出程序的一条条指令,经过译码分析,发出一系列操作信号以指挥运算器、存储器等到部件完成所规定的操作功能,最后由控制器命令输出设备以适当方式输出最后结果。这一切工作都是由控制器控制,而控制器赖以控制的主要依据则是存放于存储器中的程序。人们常说,现代计算机采用的是存储程序控制方式,就是这个意思。

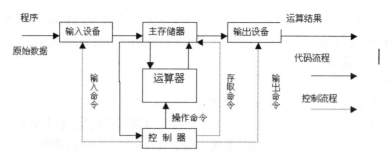

图 1-13 计算机工作原理图

(3) 数制和编码

① 数制。多位数码中,每位的构成方法以及从低位到高位的进位规则称为数制。日常生活中用的是十进制,而计算机中各种信息都采用二进制数的形式来传送存储和加工,常用的数制还有八进制和十六进制,分别用大写字母 D、B、O、H 表示。

十进制转换成二进制的方法是:整数部分除以 2 取余数(从低向高或从小数点处向左排列),作为转换后的整数部分;小数部分乘以 2,取乘积的整数(从高向低或从小数点处往右排列),作为转换后的小数部分。如将 $(29.625)_{10}$ 转换为二进制,计算方法如下:

```
整数部分                           小数部分
2│29    ……余1   低位              0.625
 2│14   ……余0                    ×    2    ……取整数
  2│7   ……余1                    1.250 ……1           高位
   2│3  ……余1                    ×    2
    2│1 ……余1   高位              0.500 ……0
     0                           ×    2
                                 1.000 ……1   低位
                                 (小数部分为 0
                                 或达到精度即可)
```

结果为 $(29.625)_{10} = (11101.101)_2$

$(11101.101)_2 = 1×2^4+1×2^3+1×2^2+0×2^1+1×2^0+1×2^{-1}+0×2^{-2}+1×2^{-3}=(29.625)_{10}$

3 位二进制对应 1 位八进制,4 位二进制对应 1 位十六进制。十进制、二进制、八进制、十六进制数之间的关系可以表 1-2 来表示。

表 1-2 十进制、二进制、八进制、十六进制数之间的关系

D	0	1	2	3	4	5	6	7	8	9	10	11	12	13	14	15
B	0	1	10	11	100	101	110	111	1000	1001	1010	1011	1100	1101	1110	1111
O	0	1	2	3	4	5	6	7	10	11	12	13	14	15	16	17
H	0	1	2	3	4	5	6	7	8	9	A	B	C	D	E	F

② 编码。常用的编码有 ASCII 码和汉字信息编码。

ASCII 码(American Standard Code for Information Interchange),全称为美国信息互换标准代码,是计算机中用二进制表示字母、数字、符号的一种编码标准。ASCII 码有两种,使用 7 位二

进制数的称为基本 ASCII 码；使用 8 位二进制数的称为扩展 ASCII 码。扩展 ASCII 码的最高位为校验位，用于传输过程检验数据正确性。所谓奇偶校验，是指在代码传送过程中用来检验是否出现错误的一种方法，一般分奇校验和偶校验两种。奇校验规定：正确的代码一个字节中 1 的个数必须是奇数，若非奇数，则在最高位 b7 添 1；偶校验规定：正确的代码一个字节中 1 的个数必须是偶数，若非偶数，则在最高位 b7 添 1。其余 7 位二进制数表示一个字符，共有 128 种组合。如回车的 ASCII 码为 0001101（13），空格的 ASCII 码为 0100000（32），"0" 的 SCII 码为 0110000（48），"A" 的 ASCII 码为 1000001（65），"a" 的 ASCII 码为 1100001（97）。

汉字信息编码是用于表示汉字字符的二进制字符编码。

a. 汉字输入码（外码）。汉字输入方法大体可分为区位码（数字码）、音码、形码和音形码。

b. 汉字交换码。它是指不同的具有汉字处理功能的计算机系统之间在交换汉字信息时所使用的代码标准。我国一直采用 GB2312—80 国家标准规定的国标码作为统一的汉字信息交换码。标准包括了 6763 个汉字，按使用频度分为一级汉字 3755 个和二级汉字 3008 个。一级汉字按拼音排序，放在 16～55 区，二级汉字按部首排序，放在 56～87 区，其他包括标点符号、西文字母、图形、数码等非汉字符号共 682 个，放在 1～9 区。

c. 字形存储码。它是指供计算机输出汉字（显示或打印）用的二进制信息，也称字模。通常采用的是数字化点阵字模。一般的点阵规模有 16×16、24×24、32×32、64×64 等。在相同点阵中，不管其笔划繁简，每个汉字所占的字节数相等。为了节省存储空间，普遍采用了字形数据压缩技术。所谓的矢量汉字是指矢量方法将汉字点阵字模进行压缩后得到的汉字字形的数字化信息。

1.3 键盘与指法

1.3.1 键盘及分区

键盘是计算机的主要输入设备，它是用户与计算机进行沟通的重要工具。用户通过键盘向计算机输入命令、程序和数据，指挥计算机按照用户的要求工作。

（1）键盘的种类

① 按照键盘的接口不同，可以划分为两类，如图 1-14 所示。

（a）PS/2 接口键盘　　　　（b）USB 接口键盘　　　　（c）左：PS/2 接口
　　　　　　　　　　　　　　　　　　　　　　　　　　　　右：USB 接口

图 1-14　按键盘接口不同分类

a. PS/2 接口键盘：此类键盘的 PS/2 接口是 ATX 主板的标准接口，是目前应用较为广泛的键盘接口之一。

b. USB 接口键盘：此类键盘采用 USB 总线接口与主机连接，USB 接口具有支持热插拔、即插即用的优点。

② 按照键盘与电脑的连接方式，可以分为以下两类。

a. 有线键盘：有线键盘最大的优势就是稳定，由于使用线缆连接，所以其极少在连接上出问题。缺点是使用范围要受到键盘连线长度的制约，在某些场合应用不方便。目前，有线键盘的价格明显比无线键盘更便宜，因此有线键盘还是市场上的主流。

b. 无线键盘：无线键盘没有线缆连接，可以离电脑比较远进行操作。其缺点是价格相对较高，需要额外的电源，必须定期更换电池或充电，而且信号传输相对易受干扰。

③ 按照键盘的外形，可以分为三类，如图 1-15 所示。

（a）标准键盘　　　　　　（b）人体工程学键盘　　　　　　（c）多媒体键盘

图 1-15　按键盘的外形分类

a. 标准键盘。

b. 人体工程学键盘：人体工程学键盘是在标准键盘上将指法规定的左手键区和右手键区左右分开，并形成一定角度，使用户保持一种比较自然的姿态操作。

c. 多媒体键盘：它在标准键盘的基础上增加了常用快捷键或音量调节装置，使 PC 操作更便捷。

（2）键盘的分区

键盘主要分为四个区：功能键区、主键盘区、光标控制键区、数字键盘区，如图 1-16 所示。

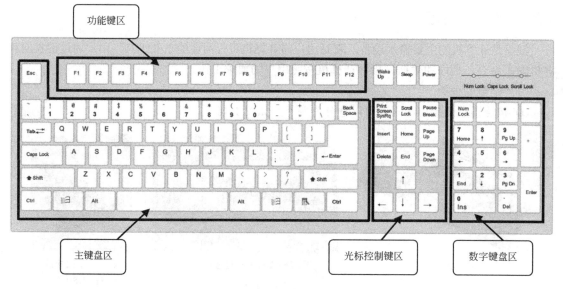

图 1-16　键盘分区

① 功能键区。此键区包括 F1～F12，主要用于扩展键盘的输入控制功能，它们在运行不同程序时分别执行不同的功能。如："F1"通常可获取帮助信息。

② 主键盘区。此键区包括 26 个英文字母、10 个数字键、常用符号键及特殊键位。
  a．字母键：A～Z（26 个）用于输入英文字母和汉字。
  b．数字键：0～9（10 个）用于输入数字。
  c．符号键：双字符键（21 个，其中包括 10 个数字键），用于输入符号。
  d．特殊键
  i.Esc：退出键，从一个程序中退出。
  ii.Tab：制表键（主键盘区的左侧），每按一次该键，光标向右移动一个制表位置（默认为 8 个字符）。通常用于在不同的对象间跳转和移动。
  iii.Caps Lock：大写字母锁定键。当键盘的右上方的"Caps Lock"指示灯亮时，键入的是大写字母；Caps Lock 指示灯不亮，则键盘进入小写状态。
  iv.Shift：上档键（主键盘区左右两侧各有一个 Shift 键）。键盘上标有两个字符的键，叫做双字符键，上方的字符叫做上档字符，下方的字符叫做下档字符。Shift 键+双字符键，可以输入该键位的上档字符。Shift 键+字母键，可以输入该键位的大写字母。
  v.Space：空格键，键盘上最长的键，主要用来输入空格。
  vi.Enter：回车键，当执行一个命令（确认命令）或需要换行时输入。
  vii.Back Space：退格键，删除光标的前一个字符。
  viii.组合控制键 Ctrl、Alt：不能单独使用，只能配合其他键组合使用。
③ 光标控制键区。此键区主要用于控制或移动光标。
  ←或→：向左或向右移动一个字符。
  ↑或↓：向上或向下移动一行。
  Delete：删除光标所在位置后面的字符，并将光标向前移动 1 个字符。
  Insert：插入/改写切换键。
  Home：快速将光标定位到行首。
  End：快速将光标定位到行尾。
  Page Up：显示屏幕前一页的信息。
  Page Down：显示屏幕后一页的信息。
④ 数字键盘区。主要用于快速输入数字/光标控制键的状态。
  Num Lock：数字锁定键。按一下该键，Num Lock 灯亮时，小键盘上的数字键输入的是数字；灯灭时，数字键作为光标控制键使用。

1.3.2 键盘指法

计算机键盘指法练习是作为使用计算机的基本功，在初期养成正确的键盘指法十分重要，是后期快速准确地打字及其他键盘操作的基础，下面介绍正确的键盘指法。

（1）键盘指法图

键盘上的字母键没有按照英文字母的顺序排列，因此，要先熟悉键盘上各键位的位置及对应的指法，每个手指头都可以控制几个键，如图 1-17 所示。

（2）基本键位

键盘上的"ASDF"和"JKL；"八个键叫做基本键。如图 1-18 所示，双手的手指对应放在这八个基本键上，左、右手食指分别在 F、J 键上，这两个键位上都有个小突起，可以帮助手指在键盘操作时准确地回到基本键位。

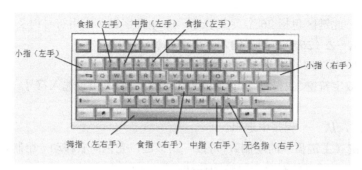

图 1-17 键盘指法图

图 1-18 基本键位图

（3）姿势

正确的姿势应当注意以下几点，如图 1-19 所示。

① 桌椅高度应适当，屏幕位置调整好。

② 坐姿端正背挺直，全身放松脚平放。

③ 手腕及肘成直线，双肩放松不张开。

双肩放松，两肘贴近身体，下臂和腕向上倾斜，与键盘保持相同的斜度。

④ 拇指轻搭空格键，其余基本键位上。

指尖轻放在基本键位上，左右手的大拇指轻轻放在空格键上。

⑤ 手指自然略弯曲，按键轻巧力均匀。

按键时，手抬起伸出要按键的手指按键，按键要轻巧，用力要均匀。

⑥ 视线落在屏幕上，不要低头盯键盘。

图 1-19 正确的打字姿势

（4）击键方法

先按照键盘指法图对应基本手位方式摆放手指，手指自然弯曲成弧形。击键时，用指尖迅速击键，轻触按键后马上放开。击键后手指迅速回基本键位，不击键的手指不要离开基本键位。

键盘操作不是一朝一夕就能熟练掌握的，但只要按照正确的姿势与方法，多加练习，相信大家都可以"运指如飞"。

1.4 计算机的安全与维护

随着计算机的普及和网络技术的应用，计算机的使用环境越来越复杂，信息可能会由于病毒的入侵、人为的窃取、计算机电磁辐射或存储器硬件损坏等方面的原因,导致信息的破坏甚至丢失,世界各国每年为防治计算机安全问题投入和耗费了巨额的资金。所以了解计算机的安全知识和对计算机进行必要的安全防护就显得极为重要。

1.4.1 计算机安全知识

计算机的安全可以说就是计算机信息系统的安全。它是指计算机系统的硬件、软件、数据应受到保护,不因偶然的或恶意的原因而遭到破坏、更改、显露,系统连续正常运行。信息要安全保密,还要具有完整性和精确性的特点,信息在存储传输过程中不被破坏、不丢失或不被未经授权的恶意的或偶然的修改。信息系统的威胁主要来自两个方面,一个是计算机自身的操作误区,更主要是来自网络的威胁。

计算机每天都面临着来自多方面的威胁,如被病毒感染,被他人盗取各种账号密码,系统被木马攻击,浏览网页时被恶意的 java scrpit 程序攻击,来自电脑黑客和蠕虫的攻击,基于系统漏洞的攻击,来自垃圾邮件或流氓软件的攻击等。图 1-20 表明了当今信息数据所面临的来自各方面的威胁。

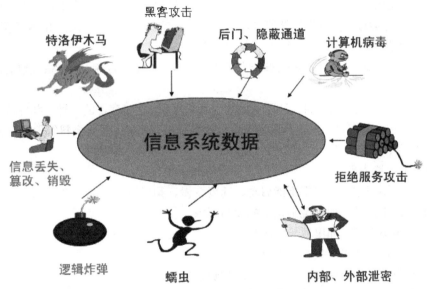

图 1-20 信息数据面临的威胁

1.4.2 计算机病毒与防护

(1) 计算机病毒(Computer Virus)

计算机病毒是指编制的或者在计算机程序中插入的,能够破坏计算机功能或者数据,影响计算机使用并且能够自我复制的一组计算机指令或者程序代码。

(2) 计算机病毒的特点

① 破坏性。破坏性是计算机病毒的最终目的,通过病毒程序的运行,实现破坏行为。计算机中病毒后,可能会导致正常的程序无法运行,把计算机内的文件删除或受到不同程度的损坏。破坏引导扇区及 BIOS,硬件环境破坏等。

② 传染性。传染性是衡量一种程序是否为病毒的首要条件。病毒程序一旦进入计算机,通过修改别的程序,把自身的程序拷贝进去,从而达到扩散的目的,使计算机不能正常工作。计算机

病毒一般是通过磁盘、光盘和网络传播的。病毒在网络上的广泛传播，会造成大范围的危害性严重的灾害。

③ 潜伏性。计算机病毒可以依附于其他媒体寄生，它能够在正常的程序中，当满足一定的条件时被激活，此时病毒开始发作，进行破坏活动。

④ 隐蔽性。计算机病毒具有很强的隐蔽性，可以隐藏在可执行文件或数据文件中，不易发现且处理起来非常困难，杀毒软件也只能查出一部分。

⑤ 可触发性。计算机病毒的激活，一般都需要一些触发条件，如系统时钟、系统的日期、特定文件的出现和使用及使用次数等。一旦触发条件被满足，病毒就会"发作"，对系统进行破坏。

（3）计算机病毒的分类

计算机病毒的分类方法有很多，主要有以下几种。

① 按照破坏性，可将计算机病毒分为良性病毒、恶性病毒、极恶性病毒、灾难性病毒。

② 按传染方式，可将计算机病毒分为网络型病毒、引导型病毒、文件型病毒、混合型病毒。网络型病毒通过网络传播感染系统中的可执行文件。引导型病毒主要通过软盘在操作系统中传播，感染引导区，蔓延到硬盘，并能感染到硬盘中的"主引导记录"。文件型病毒是文件感染者，也称为"寄生病毒"。它运行在计算机存储器中，通常感染扩展名为 COM、EXE、SYS 等类型的文件。混合型病毒具有引导病毒和文件型病毒两者的特点。

③ 按照连接方式，可将计算机病毒分为源码型病毒、入侵型病毒、操作系统型病毒、外壳型病毒。

④ 木马。木马是人为编写的一种远程控制的恶意程序，也是病毒的一种。木马病毒可以不经用户许可，记录用户的键盘录入，盗取用户银行账号、游戏账号、个人资料等信息，并将其发送给攻击者。木马不具有传染性也不会自我复制。

（4）病毒的一般表现

① 系统运行不正常。如出现不能启动、速度变慢、频繁出现死机现象等。

② 磁盘存储不正常。如出现不正常的读写现象、空间异常减少等。

③ 屏幕显示不正常。如出现异常图形、显示信息无故消失等。

④ 声音不正常。如出现尖叫、蜂鸣音等。

⑤ 文件不正常。如出现文件长度丢失或加长、打印机状态异常等。

⑥ 收到来历不明的电子邮件、自动链接到未知的网站、自动发送电子邮件等。

（5）计算机病毒的危害

① 破坏计算机中的信息或数据。

② 修改或删除磁盘上的可执行文件，使系统无法正常工作。

③ 修改目录或文件分配表扇区，使文件无法找到。

④ 占有磁盘空间，抢占系统资源，影响运行速度。

（6）计算机的安全防护

① 数据备份。要定期对计算机内的信息进行数据备份，数据不要放在系统区内，做好镜像文件。

② 防御系统。为计算机建立起一套完整的防御系统。安装杀毒软件并及时升级，开启病毒程序定期查杀病毒。正确设置防火墙，去掉不使用的网络协议。

③ 安装操作系统、浏览器和应用程序的更新组件或补丁程序。

④ 重装系统恢复数据。当计算机无法启动时，可利用镜像文件进行重装系统以恢复之前的数据。

⑤ 养成良好的操作习惯。不要登录不良网站,不随意下载不熟悉的软件与程序,不随便打开来路不明的电子邮件或程序,不随便直接打开光盘、U盘中的程序等。

随着计算机技术的不断提高和网络的广泛应用,必然会出现更多更复杂的病毒来破坏计算机系统的工作,因此每个人都必须充分认识到计算机病毒的危害,增加预防计算机病毒的意识,掌握消除计算机病毒的操作技能,养成良好的计算机使用习惯,从而保证计算机的正常运行。

课后习题

1. 填空题

(1) 世界上第一台计算机是( )。
(2) 计算机的发展主要经历了四个发展阶段,每个阶段所采用的电子器件分别是( )、( )、( )、( )。
(3) CPU 也称( ),由( )和( )组成,主要性能指标有( )、( )、( )、( )。
(4) 一个完整的计算机系统由( )和( )两大部分组成。
(5) 存储器可分为( )、( )和( )三类。
(6) 1MB=( )KB=( )字节。
(7) 一台计算机最常用的输入设备是( )和( )。
(8) 显示器可分为( )、( )、( )、( )和( )。
(9) 按工作方式可将打印机分为( )、( )和( )。
(10) Caps Lock 键采用 Caps Lock 灯指示大小写状态。灯亮为( )方式,灯灭为( )方式。
(11) 键盘主要分为四个区,分别是功能键区、( )、光标控制键区和( )。
(12) 计算机的软件系统可分为( )和( )。
(13) (37.625)$_{10}$=( )$_2$。
(14) (101100110)$_2$=( )H。

2. 选择题

(1) 下列不属于计算机的特点的是( )。
    A. 运算速度快   B. 计算精度高
    C. 不具有逻辑判断能力   D. 具有自动控制能力
(2) 网上购物属于计算机在( )方面的应用。
    A. 科学计算   B. 数据处理   C. 过程控制   D. 网络与通信
(3) 计算机辅助技术不包括( )。
    A. CAD   B. CDA   C. CAM   D. CAI
(4) 下列不属于外存的是( )。
    A. ROM   B. 硬盘   C. 光盘   D. U盘

（5）在下列存储器中，断电后信息会丢失的是（　　）。
    A．RAM   B．硬盘   C．光盘   D．U 盘
（6）在微型计算机中，ROM 是（　　）。
    A．缓冲存储器   B．只读存储器   C．读写存储器   D．随机读写存储器
（7）下列设备中属于输出设备的是（　　）。
    A．键盘   B．鼠标   C．扫描仪   D．绘图仪
（8）要输入大写字母时，要按（　　）键。
    A．Tab   B．Shift   C．Caps Lock   D．Ctrl
（9）上档键是（　　）。
    A．Ctrl   B．Alt   C．Shift   D．Tab
（10）键盘的基本键为（　　）。
    A．ASDF 和 HJKL   B．ABCD 和 WXYZ
    C．SDFG 和 HJKL   D．ASDF 和 JKL
（11）下列不属于计算机病毒的特点的是（　　）。
    A．破坏性   B．传染性   C．持续性   D．潜伏性
（12）对计算机进行安全防护做的不正确的是（　　）。
    A．经常数据备份 B．安装杀毒软件 C．随意登录网站 D．设置防火墙

综合实训

实训一　小键盘的使用

【实训目的】

1．熟悉小键盘上的数字分布。

2．能够使用小键盘熟练输入数字。

【内容步骤】

1．观察小键盘上的数字分布。

2．按 NUMLOCK 键，切换到数字功能。

3．在写字板中尝试输入身份证号。

实训二　标点符号的录入

【实训目的】

1．上档键 Shift 的熟练使用。

2．中英文状态下符号的区别。

【内容步骤】

1．中文状态下按键盘上的 1 到 9 数字键和其它的标点符号按键。

2．中文状态下在按上档键 Shift 的同时，按键盘上的 1 到 9 数字键和其它的标点符号按键。

3．英文状态下按键盘上的 1 到 9 数字键和其它的标点符号按键。

4．英文状态下在按上档键 Shift 的同时，按键盘上的 1 到 9 数字键和其它的标点符号按键。

实训三　键盘指法练习

【实训目的】

熟练掌握键盘上各键的输入方法。

【内容步骤】

1．基本键位练习

按照正确的打字姿势坐好，双手按要求轻放在基本键位上。开始练习后，手指要灵活，力度适中。

ffff	jjjj	dddd	kkkk	ssss	llll	aaaa	;;;;
dddd	llll	aaaa	jjjj	ffff	;;;;	ssss	kkkk
ffdd	jjkk	ssaa	ll;;	ffaa	jj;;	sskk	ddll
fdsa	jkl;	asdf	;lkj	alsk	fjdk	adkl	;kda
fsjl	jlfs	fja;	afj;	dksl	a;fj	adfk	jdls
dfad	kj;l	a;sl	jdks	aksj	jlkd	adsj	;lds

2．综合指法练习

注意击键后，手指要迅速回到基本键位。

熟悉大小写转换及数字符号键的插入。

Computer　　　　　　Windows　　　　　China　　　　　America
\>=28　　　　　　　　3*(15+59)=　　　　C:\soft\　　　　AutoCAD
What's this?　　　　　This is a book.
How are you?　　　　Fine,thank you.And　you?
www.163.com　　　　@sina.com

实训四　文章的录入

【实训目的】

1．熟悉常用键盘的分区。

2．能够采用正确的指法输入英语文章。

【内容步骤】

1．观察键盘上的分区。

2．打开金山打字通 2010。

3．选择一篇英语文章。

4．采用正确的指法进行文章录入。

第 2 章

Windows 7 操作系统

本章学习要点

1. 了解 Windows 7 的发展,学会正确启动/关闭计算机系统。
2. 了解操作系统的界面对象;能够完成对窗口、菜单、工具栏、对话框等的操作。
3. 熟练掌握文件及文件夹的操作。
4. 能够利用资源管理器对文件等资源进行管理。
5. 了解控制面板的功能,学会使用控制面板配置系统。
6. 学会使用操作系统自带工具。

2.1 Windows 7 入门

Windows 7 中文版是具有革命性变化的操作系统,由微软公司开发,供个人、家庭及商业使用,一般安装于笔记本电脑、平板电脑、多媒体中心等。Windows 7 是 Windows Vista "改良版",该系统旨在让人们的日常电脑操作更加简单和快捷,为人们提供高效易行的工作环境。

Windows 7 的配置要求,具体如下:

处理器时钟频率:1GHz(32 位和 64 位)

内存:1GB(32 位系统)2GB(64 位系统)

硬件:16GB 可用磁盘空间(32 位系统)

20GB 可用磁盘空间(64 位系统)

显卡:支持 DirectX 9,WDDM 1.0 或更高版本

Windows 7 有 6 个版本:

Windows 7 starter(入门版)

Windows 7 basic(基础版)

Windows 7 home premium(家庭精装版)

Windows 7 professional(专业版)

Windows 7 enterprise(企业版)

Windows 7 ultimate(旗舰版)

2.1.1 Windows 7 操作系统的启动与退出

（1）启动 Windows 7 操作系统

启动计算机前，要检查主机与电源、显示器、键盘、鼠标等设备是否连接好，检查电源是否有电，之后按下计算机主机的电源开关，系统开始自检，然后进入 Windows 7 的登录界面，如图 2-1 所示。

图 2-1　Windows 7 操作系统界面

（2）关闭 Windows 7 操作系统

关闭 Windows 7 操作系统之前，要保存重要的数据，关闭所有打开的应用程序，其步骤如图 2-2 所示。

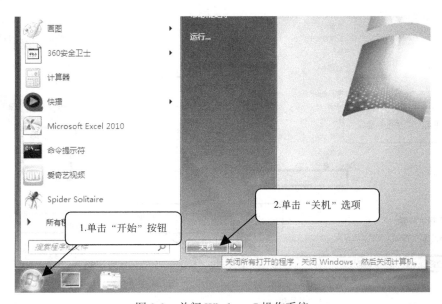

图 2-2　关闭 Windows 7 操作系统

2.1.2 Windows 7 桌面

Windows 7 操作系统启动后,用户所看到的整个屏幕,就是桌面。桌面是操作电脑的基础,就像工作台一样,所有的操作都要在它上面完成。桌面包括桌面背景,桌面图标和任务栏三部分,如图 2-3 所示。

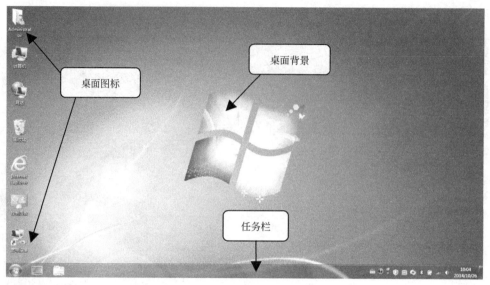

图 2-3 Windows 7 桌面

（1）桌面背景

一般地,Windows 7 操作系统的桌面背景,是在一片蔚蓝的背景下烘托出一个五彩的微软视窗,可以根据自己的喜好对桌面背景进行修改,如把自己的照片或 Windows 7 操作系统自带的优美图片作为桌面背景,其步骤如图 2-4 所示。

步骤一：在桌面空白处单击鼠标右键,在弹出的快捷菜单中选择"个性化"选项。

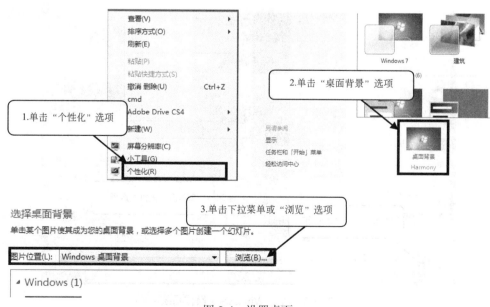

图 2-4 设置桌面

步骤二：在弹出的"个性化"窗口中单击"桌面背景"，弹出"选择桌面背景"窗口。

步骤三：在"图片位置"下拉列表中选择 Windows 7 系统自带图片库中的图片，或者单击"浏览"按钮，将自己心仪的图片或者照片作为桌面背景。

（2）桌面图标

桌面上可以放置各种文件、文件夹、应用程序等图标和快捷方式图标。图标一般是由文字和图片两部分组成。文字部分说明图标的名称或者功能，图片部分则是它的标识符。

① 启动文件、文件夹或应用程序。双击桌面上的图标，如 等。

② 增加桌面图标。可在任何应用程序上单击鼠标右键，在弹出的快捷菜单中选择"发送到"→"桌面快捷方式"，如图 2-5 所示。

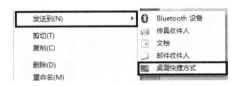

图 2-5　增加桌面图标

③ 修改桌面图标。可以修改 Windows 7 自带的桌面图标数量和显示图片样式。在"个性化"窗口中单击"更改桌面图标"选项，在弹出的"桌面图标设置"中单击"更改图标"按钮，选择一种，单击"确定"完成操作，如图 2-6 所示。

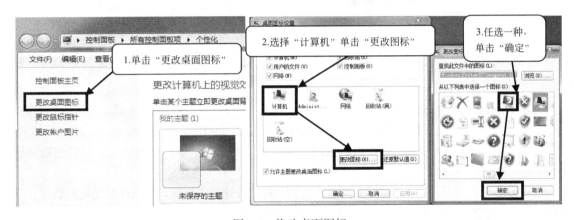

图 2-6　修改桌面图标

（3）任务栏

任务栏是位于桌面最底部的蓝色长条。可以用来实现应用程序的快速启动，多个程序之间的切换及时间设定等操作，如图 2-7 所示。

图 2-7　任务栏

2.1.3　Windows 7 任务栏与"开始"菜单

（1）任务栏

① 任务栏的组成。从左到右依次是"开始"菜单、快速启动栏、显示桌面按钮、应用程序按钮栏、语言栏和系统通知区域六部分，如图 2-8 所示。

a."开始"菜单：位于任务栏最左侧，通过该菜单可以打开系统中安装的软件和程序以及某些系统设置功能。

b. 快速启动栏：位于"开始"菜单右侧，可以快速启动该区域里的软件和程序。

图 2-8　任务栏的组成

在 Windows 7 的默认桌面中取消了快速启动栏，若要快速打开相应的应用程序，可将程序锁定到任务栏，在应用程序上单击鼠标右键，在弹出的快捷菜单中选择"锁定到任务栏"，其操作步骤如图 2-9 所示。

图 2-9　增加任务栏快速启动按钮

还可以在任务栏的空白位置单击鼠标右键，选择"工具栏"→"新建工具栏"，弹出"选择文件夹"对话框，在文件夹里面输入这个路径："%userprofile%\AppData\Roaming\Microsoft\Internet Explorer\Quick Launch"，然后按回车键确认，可添加如 XP 系统下模式的快速启动栏"　　　　"。

c. 显示桌面按钮：位于"快速启动栏"右侧，可以快速显示桌面，单击该按钮可以将所打开的窗口最小化到"应用程序按钮区"，再次单击可恢复原来的显示。

d. 应用程序按钮区：位于"显示桌面按钮"右侧，该区域显示已打开窗口最小化后的图标按钮，单击这些按钮或按"Alt+Tab"可实现不同窗口之间的切换。

e. 语言栏：显示目前运行的语言种类，并可切换输入法。

按住键盘上的 Ctrl+Shift 键，可实现不同输入法之间的顺序切换；

按住键盘上的 Ctrl+空格键，可实现中英文输入法之间的转换。

f. 系统通知区域：位于任务栏最右侧，用于显示时间日期、系统图标及一些正在运行的程序，如 360 安全卫士和 QQ 等。

修改系统时间：单击"日期和时间"→"更改时间和日期设置"，弹出"日期和时间"对话框，对日期和时间进行相应的修改，其操作步骤如图 2-10 所示。

② 任务栏的基本操作

a. 移动任务栏：任务栏的位置可以移动至桌面的顶部、左侧或者右侧。先将鼠标置于任务栏的空白处，单击右键，取消"锁定任务栏"，再将鼠标置于任务栏的空白处，按住鼠标左键，将任务栏拖至目标位置即可。

b. 调整宽度：将鼠标指针置于任务栏与桌面的交界处，当鼠标指针变成纵向的双箭头形状时，按住鼠标左键进行上下拖动，当宽度满足要求时释放鼠标即可。

c. 任务栏的锁定与解锁：在任务栏的空白处单击鼠标右键，在弹出的快捷菜单中选择"锁定任务栏"，即可对任务栏锁定，再次进行同样的操作，可对任务栏进行解锁。"锁定任务栏"前面有"√"时，说明任务栏处于锁定状态。

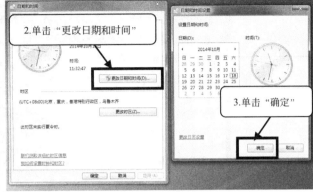

图 2-10　更改日期和时间

d. 任务栏的隐藏、按钮的合并等：在任务栏的空白处单击鼠标右键，在弹出的快捷菜单中选择"属性"选项，则弹出"任务栏和开始菜单属性"对话框，可以对任务栏进行隐藏、任务栏按钮的合并等操作，也可对任务栏进行锁定与解锁，如图 2-11 所示。

（2）"开始"菜单

"开始"菜单是 Windows 7 系统中最常用的组件之一，是启动程序的快捷通道。"开始"菜单几乎包含了计算机中所有的应用程序。Windows 7 的"开始"菜单通常由"固定程序"列表、"常用程序"列表、"所有程序"列表、"搜索"框、"启动"菜单和"关闭选项"按钮区组成，如图 2-12 所示。

① "固定程序"列表。该列表中显示的是"开始"菜单中的固定程序。默认的"固定程序"只有"入门"和"Windows Media Center"两个。

② "常用程序"列表。该列表中主要存放系统常用程序，包括画图、计算器、Word 等。默认的"常用程序"只有 7 个，随着应用的增加，列

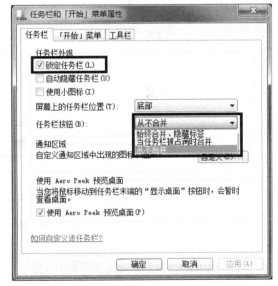

图 2-11　任务栏的隐藏与合并

表会列出 10 个常用的应用程序，它们按照时间的先后顺序进行替换。

③ "所有程序"列表。该列表中用于存入所有系统中安装的软件程序。鼠标单击"开始"菜单，将鼠标移动到"所有程序"上即可显示"所有程序"列表。单击文件夹图标，可展开相应的应用程序，单击"返回"按钮，可隐藏"所有程序"列表。

④ "搜索"框。"搜索"框主要用于用户找不到文件或文件夹时，提供相应的帮助。

⑤ "启动"菜单。该菜单列出了经常使用的程序链接，如"文档"、"计算机"、"控制面板"、

"设备和打印机"等。在"文档"上面还有一个默认名字为 Administrator 的用户。

⑥ "关闭选项"按钮区。"关闭选项"按钮区包含"关闭"按钮和"关闭选项"按钮，主要用于对系统进行关闭操作。如"关机"、"切换用户"、"注销"、"锁定"、"重新启动"和"睡眠"，如图 2-13 所示。

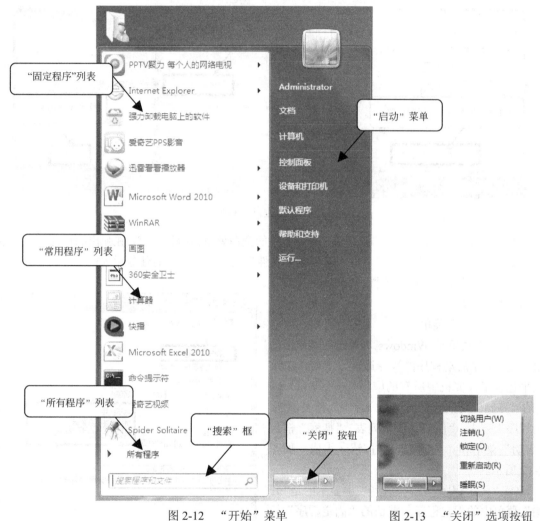

图 2-12 "开始"菜单　　　图 2-13 "关闭"选项按钮

2.1.4　Windows 7 窗口与对话框

（1）窗口

① 窗口的组成。在 Windows 7 操作系统中，窗口是用户界面的重要组成部分，任何应用程序都是以窗口的形式出现的。窗口可以有多个，但活动窗口只有一个。如"资源管理器"窗口由标题栏、控制按钮、地址栏、搜索框、菜单栏、工具栏、导航窗格、窗口内容、滚动条和状态栏组成，如图 2-14 所示。

② 窗口的基本操作

a．打开窗口

方法一：双击桌面上的快捷方式图标。

方法二：单击"开始"菜单中的"所有程序"下的子菜单。
方法三：在"我的电脑"或"资源管理器"中双击某一程序或文档图标。

b．关闭窗口

方法一：双击程序窗口左上角的控制图标。
方法二：单击窗口右上角的"关闭"按钮。
方法三：单击"文件"菜单下的"关闭"命令。
方法四：按键盘上的 Alt+F4 组合键。
方法五：将鼠标指针指向任务栏中的该窗口的图标按钮并单击右键，然后选择"关闭窗口"。

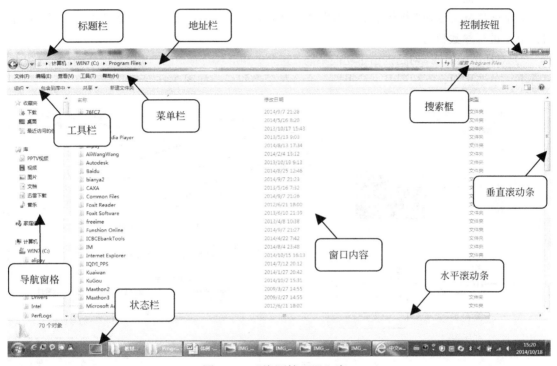

图 2-14　"资源管理器"窗口

c．移动窗口：将鼠标置于要移动的窗口的标题栏上，此时鼠标呈"⌐▷"形状，按住鼠标左键不放，拖曳窗口到目标位置，松开鼠标即可完成操作。

d．缩放窗口

方法一：利用窗口上的"控制按钮" ，实现对窗口的"最大化"、"最小化"和"还原"操作。最小化之后的窗口会在任务栏上，单击该图标，可再次显示该窗口。

方法二：利用鼠标调整窗口大小。当窗口处于非最大化或最小化时，将鼠标移至窗口的边框上，此时鼠标将变成上下箭头、左右箭头或与水平和垂直呈 45°方向的箭头，此时可按住鼠标左键拖曳到适当的位置松开鼠标即可完成操作。

e．排列窗口：在任务栏的空白处单击鼠标右键，在弹出的快捷菜单中选择"层叠窗口"、"堆叠显示窗口"或"并排显示窗口"，即可完成对

图 2-15　排列窗口

窗口的重新排列，相应的操作也可取消，如图 2-15 所示。

　　f. 切换窗口

　　方法一：利用任务栏上的"程序按钮区"，用鼠标单击程序图标按钮，即可打开相应的窗口。

　　方法二：利用键盘上的 Alt+Tab 组合键，按住 Alt 键，再按 Tab 键，然后松开，可实现两个窗口之间的相互切换；按住 Alt 键不放，再按 Tab 键，可以不同窗口之间进行切换，找到需要的窗口后，松开按键，即可打开相应的窗口。

　　方法三：利用键盘上的 Alt+Esc 组合键，可实现各个窗口从左到右的顺序切换。

　（2）对话框

　　对话框是 Windows 7 操作系统与用户之间交流的重要手段。用户可根据自身需要，在相应的对话框中进行参数和选项的设置。

　　① 对话框的组成。对话框由于功能不同，其大小和形状会有不同，其主要由标题栏、选项卡、复选框、单选按钮、下拉列表、编辑框、命令按钮等组成，如图 2-16 所示。

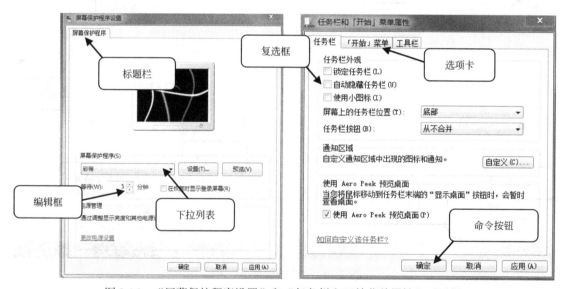

图 2-16　"屏幕保护程序设置"和"任务栏和开始菜单属性"对话框

　　② 对话框的基本操作。对话框的操作比较繁杂，下面举两个实例进行相应的操作。

　　a. 将"屏幕保护程序"设置为"变幻线"，等待时间为 5 分钟，并"在恢复时显示登录屏幕"：在桌面上的空白处单击鼠标右键，选择"个性化"选项，打开"个性化"窗口，单击"屏幕保护程序"，弹出"屏幕保护程序"对话框，在"屏幕保护程序"下拉列表中选择"变幻线"、在"等待"后面的编辑框中输入 5，勾选复选框"在恢复时显示登录屏幕"，单击"确定"完成操作，其操作步骤如图 2-17 所示。

　　b. 取消鼠标的指针轨迹：鼠标双击桌面上"控制面板"图标，打开"所有控制面板项"窗口，单击"鼠标"设置图标，打开"鼠标属性"对话框，选择"指针选项"，取消"可见性"中的"显示指针轨迹"前面的复选框，单击"确定"按钮，完成操作，其操作步骤如图 2-18 所示。

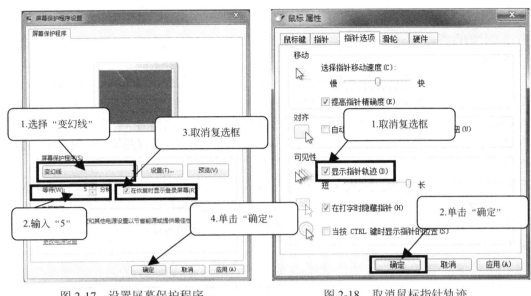

图 2-17　设置屏幕保护程序　　　　　图 2-18　取消鼠标指针轨迹

2.2　资源管理

Windows 7 对文件和文件夹的管理工具是"计算机"和"资源管理器"。其中"资源管理器"是实现文件管理的重要工具，也是 Windows 7 中所有资源的管理中心。

2.2.1　文件和文件夹

计算机中所有的任务和资源都是以文件的形式存在的，Windows 7 通过对文件的管理达到控制和管理整个计算机的目的。文件是 Windows 7 最基本的存储单位，它可以是程序、数据或者其他信息。

文件夹就是文件的集合，用来存放计算机中的多个文件。文件夹中可以包含文件，也可以包含其他文件夹。举个例子：文件夹就如同是旅行箱，打开旅行箱，里面还可以有几个小包（这些小包也可以看成是文件夹），包里有衣物（衣物看成是文件）。对文件的各种操作都是以文件名为基础进行的。

（1）文件的命名

文件名通常由文件名和扩展名两个部分组成，格式为："文件名.扩展名"。在 Windows 7 中，文件名最长可由 255 个字符组成，扩展名用于说明文件所包含的信息，即该文件的类型。

① 文件名中的英文字母不区分大小写。

② 文件名可使用多个分隔符和空格，但是下列字符不能出现在文件名中：\　/　:　*　?　"　<　>　|。由于上述字符在 Windows 7 命令行中有特殊的意义，所以不能用它们作为文件名。

（2）文件的类型

不同类型的文件对应不同的应用程序，了解文件的类型对于明确该文件的作用和使用方法很有帮助。Windows 7 中，每一类文件都有一个对应的扩展名，文件的扩展名是 Windows 7 操作系统识别文件的重要方法，因此了解常见的文件扩展名对于学习和管理文件有很大的帮助。表 2-1 是文件的扩展名及对应的文件类型。

不同的文件类型，其图标不一样，查看的方式也不一样，因此只有安装了相应的软件，才能查看该文件的内容。

（3）库

如果在不同硬盘、不同文件或多台电脑中分别存储了一些文件，寻找及有效地管理这些文件将是一件非常困难的事情。在 Windows 7 中，新增了"库"功能，它可以帮助解决这一问题。在 Windows 7 中，"库"是浏览、组织、管理和搜索具有共同特性的文件的一种方式——即使这些文件存储在不同地方。Windows 7 能够自动地将文档、音乐、图片以及视频等项目创建库，也能轻松地创建自己的库。

库就像是大型的文件夹，但又与文件夹有一点区别，它的功能更强大些。在文件夹中保存的文件或者子文件夹，都存储在同一个位置。但库的管理方式更加接近于快捷方式，可以把来自多个位置的文件都链接到一个库中进行管理，但库中并不真正存储文件。这是传统文件夹与库之间的最本质的差别。

表 2-1　文件的扩展名及对应的文件类型

扩展名	文件类型	扩展名	文件类型
DOCX	Word 2010 文档文件	XLSX	Excel 2010 表格文件
PPT	PowerPoint 演示文件	MDB	ACCESS 数据库文件
EXE	可执行文件	RAR	RAR 压缩文件
BMP	位图文件	SWF	FLASH 视频文件
MID	MIDI 音乐文件	TXT	文本文件
COM	MS-DOS 应用程序	GIF	图像文件
JPEG	压缩图像文件格式	WAV	声音文件
DBF	数据库文件	MP3	声音文件
ZIP	ZIP 压缩文件	MP4	视频文件
WMA	微软制定的声音文件格式	HTM/HTML	Web 网页文件

2.2.2　资源管理器的使用

资源管理器是 Windows 7 最重要的文件查看和管理工具之一，与以前的 Windows 版本相比，Windows 7 的资源管理器提供了更加便捷和丰富的功能。

（1）启动"资源管理器"

启动"资源管理器"的方法有以下几种。

① 从"开始"菜单启动。用鼠标单击 Windows 7 桌面左下角的圆形开始按钮，单击开始菜单右侧的"计算机"，即可以启动资源管理器。如图 2-19 所示。

② 从"开始"菜单的快捷菜单中启动。用鼠标右键单击 Windows 7 桌面左下角的开始按钮，从快捷菜单中单击"打开 Windows 资源管理器"，便可以启动资源管理器。如图 2-20 所示。

③ 从任务栏启动。从任务栏的快速启动工具栏中单击"Windows 资源管理器"按钮启动。

需先将资源管理器固定到 Windows 7 任务栏中，用前面介绍的方法打开 Windows 7 资源管理器，然后在任务栏中的资源管理器图标中单击鼠标右键，选择"将此程序固定到任务栏"，以后就可以随时从 Windows 7 任务栏中单击该图标快速启动资源管理器。如图 2-21 所示。

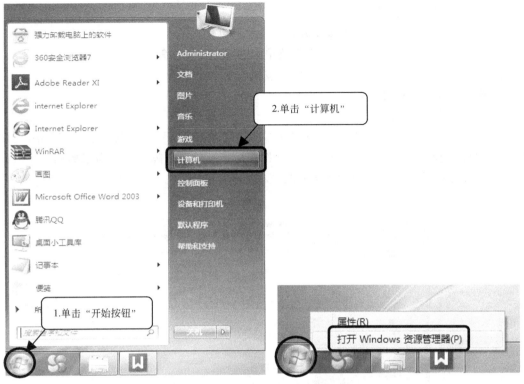

图 2-19 从菜单打开资源管理器　　图 2-20 从开始按钮右键菜单打开资源管理器

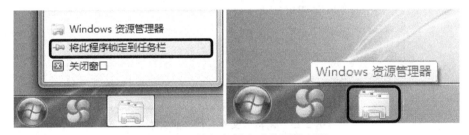

图 2-21 从任务栏启动资源管理器

④ 双击 Windows 7 桌面"计算机"图标启动资源管理器。

⑤ 通过快捷键"Win+E"打开 Win7 资源管理器（图 2-22）。

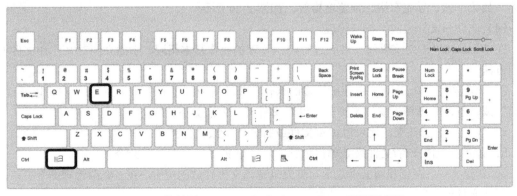

图 2-22 快捷键"Win+E"启动 Windows 7 资源管理器

（2）关闭"资源管理器"

关闭"资源管理器"的方法有如下几种。

① 在"资源管理器"窗口的"文件"菜单中选择"关闭"命令。

② 用鼠标单击窗口控制按钮的"关闭"按钮。

③ 使用组合键"Alt+F4"。

（3）"资源管理器"窗口的设置

① 调整"文件夹框"的大小：文件夹框和文件夹框中间有一条分隔条，可以通过调整分隔条的位置，来改变两个部分的显示空间大小。将鼠标指针放在分隔条上，当鼠标指针呈双箭头"⇔"时，拖动鼠标即可调整两个部分的显示空间大小。如图 2-23 所示。

图 2-23　调整"文件夹框"的大小

② 界面布局的设置：Windows 7 资源管理器界面布局多，可以通过设置变回简单界面。操作时，在资源管理器窗口的工具栏中单击"组织"按钮，在下拉菜单中选择"布局"菜单中需要的窗体，如菜单栏、导航窗格、预览窗格等。如图 2-24 所示。

（4）文件和文件夹的组织与管理

在 Windows 7 中对文件和文件夹进行组织管理的操作基本相同，下面介绍对文件和文件夹的管理方法。

① 浏览文件。Windows 7 中使用最多的操作就是查看或浏览文件和文件夹，用户可以通过"计算机"或"资源管理器"窗口来浏览文件和文件夹。方法如下。

a．双击文件/文件夹，就可以浏览文件或打开下一级文件夹。

b．在要浏览的文件/文件夹处单击鼠标右键，选择"打开"菜单命令。

② 新建文件。在创建新文件之前，首先确定该文件存放的位置。在"资源管理器"窗口，选定要新建文件的位置。

a．在"资源管理器"的文件夹窗口（要新建文件的位置）空白区域，右击鼠标，在弹出的快捷菜单中选择"新建"命令，然后单击"文件夹"或相应的文件类型，输入新文件或文件夹名，输完按回车键或在窗口空白处单击鼠标左键即完成新文件/文件夹的创建。

b．单击"资源管理器"窗口的菜单栏"编辑"，选择"新建"命令。

c．创建一个新的文件夹的组合键是 Ctrl + Shift + N。

图 2-24　界面布局的设置

③ 选定文件。在进行文件管理操作时，首先需要选定一个或多个文件作为操作对象，被选定的文件会反相显示。选定对象的方法有以下几种。

a．选定一个文件：鼠标单击要选定的文件。

b．选定多个相邻的文件

i. 先用鼠标单击相邻文件中的第一个，然后按住键盘上的 Shift 键，同时用鼠标单击最后一个文件。

ii. 鼠标拖动法：在要选定文件夹内容框空白处，按下鼠标左键不放，然后拖动鼠标，屏幕出现一个蓝色的矩形框，当要选定的文件都被圈入后，松开鼠标，矩形框中的对象即为被选定的文件。

c．选定多个不相邻的文件：先用鼠标单击文件中的任意一个文件，然后按住键盘上的 Ctrl 键不放，再逐个单击要选定的其他文件。

d．选择所有文件

i.单击菜单栏中的"编辑"项，点击"全选"。

ii.使用组合键"Ctrl+A"。

iii.可以按选定多个文件的方法操作。

④复制文件。复制文件或文件夹，是指保留原文件或文件夹的同时，在指定位置拷贝出相同的文件或文件夹。复制的方法有以下几种。

a. 利用菜单栏：选择要复制的源文件，在菜单中选择"编辑"，再选择"复制"命令。然后找到并打开目标文件夹，选择"编辑"菜单的"粘贴"命令。

　　b. 利用工具图标：选择要复制的源文件，点击"组织"项中的"复制"命令，再选择目标地址，选择"组织"项中的"粘贴"命令。

　　c. 利用快捷菜单：在要复制的源文件位置右击鼠标，再选择弹出快捷菜单中的"复制"命令，然后选择要复制的目标位置右击鼠标，在快捷菜单中选择"粘贴"。

　　d. 利用鼠标拖放：选择要复制的源文件，按住 Ctrl 键，同时按住鼠标左键，拖放到指定的位置。

　　注：不同驱动器之间直接进行鼠标拖放，也可以实现复制文件。

　　e. 利用快捷键：选择要复制的源文件，按 Ctrl+C 组合键实现复制命令，再到指定的目标地址，按 Ctrl+V 组合键实现粘贴命令。

　　⑤ 移动文件。移动文件或文件夹，就是改变它们的存储位置，其内容不改变。具体方法有以下几种。

　　a. 利用菜单栏：选择要移动的源文件，在菜单中选择"编辑"，再选择"剪切"命令。然后找到并打开目标文件夹，选择"编辑"菜单的"粘贴"命令。

　　b. 利用快捷菜单：在要移动的源文件位置右击鼠标，再选择弹出快捷菜单中的"剪切"命令，然后选择要复制的目标位置右击鼠标，在快捷菜单中选择"粘贴"。

　　c. 利用鼠标拖放：选择要移动的源文件，按住 Shift 键，同时按住鼠标左键，拖放到指定的位置。

　　注：相同驱动器之间直接进行鼠标拖放，也可以实现文件的移动。

　　d. 利用快捷键：选择要移动的源文件，按 Ctrl+X 组合键实现复制命令，再到指定的目标地址，按 Ctrl+V 组合键实现粘贴命令。

　　⑥ 更改文件名。更改文件或文件夹的名字可以按以下方式操作。

　　a. 利用菜单栏：选定要更改名字的文件，执行菜单栏中的"文件"，再选择"重命名"命令，原文件名被一个矩形框圈住，并出现一个光标，键入新的名字后按回车键即可。

　　b. 利用快捷菜单：在要更改名字的文件位置右击鼠标，弹出快捷菜单，选择"重命名"命令。

　　c. 利用鼠标：用鼠标单击两次要更改名字的文件（不要双击），即可重命名。

　　d. 利用快捷键：选择要更改名字的文件，按 F2 功能键。

　　⑦ 删除文件。删除文件或文件夹的方法很多，具体介绍如下。

　　a. 利用菜单：选定要删除的文件，点击菜单栏中的"删除"命令。

　　b. 利用快捷菜单：在要删除的文件位置右击鼠标，弹出快捷菜单，选择"删除"命令。

　　c. 利用 Delete 键：选定要删除的文件，按键盘上的 Delete 键，屏幕提示"确定要把此文件放入回收站吗？"，若选择"是"，指定的文件将放入回收站；选择"否"，则放弃删除操作。

　　⑧ 更改文件属性。在使用计算机的过程中，常会需要查看文件或者文件夹的属性，具体方法如下。

　　a. 用鼠标右键点击目标文件或者文件夹，然后从弹出的右键菜单中选择"属性"，这样就可以看到被选择文件的详细信息了。

　　b. 按住键盘上的"Alt"，然后用鼠标左键双击文件或文件夹图标，便可直接打开文件属性信息窗口。

⑨ 搜索文件。在 Windows 7 资源管理器地址栏的右侧，可以看到搜索框。在搜索框中输入搜索关键词后回车，立刻就可以在资源管理器中得到搜索结果。Windows 7 的搜索速度较之前版本有很大的提升，计算机的搜索框可以快速地找到指定的文件或文件夹。如图 2-25 所示。

图 2-25 搜索框和库

⑩ 使用库。Windows 7 新增的"库"功能可以提高工作效率。在 Windows 7 系统中按下"Win+E"快捷键，在左侧窗口中可以看到"库"，Win7 系统默认有四个库：视频、图片、文档、音乐。 右键单击"库"图标，选择"新建"→"库"命令，Win7 系统会自动创建一个库。

为新建库命名之后，右键单击新建库，选择"属性"，单击对话框中的"包含文件夹"按钮，然后定位到要包含的文件夹所在的路径，选择该文件夹单击下面的"包括文件夹"按钮即可。

2.2.3 磁盘管理

磁盘就是指计算机硬盘上划分出来的分区，用来存放计算机中的各种资源。磁盘是由盘符来加以区别的，盘符通常由磁盘图标、磁盘名称和磁盘使用信息组成，用大写英文字母加一个冒号来表示，如 C:,简称为 C 盘。各个磁盘在计算机的显示状态如图 2-26 所示。

图 2-26 磁盘在计算机中显示状态

常见的磁盘包括普通硬盘、U 盘、移动硬盘等。对磁盘的管理是 Windows 7 的重要内容之一。

(1) 文件系统

一个物理磁盘划分出的分区就是"卷",在"计算机"和"资源管理器"中,"卷"就是常说的本地磁盘 C:盘、D:盘等。分区按类型可以分为主分区和扩展分区。其中,主分区是用来安装操作系统的。一个磁盘最多有四个主分区,扩展分区是从硬盘的可用空间上创建的分区。磁盘的每个分区可以单独使用,而且每个分区可以使用不同的文件系统。

Windows 7 管理文件的方式是通过文件系统,支持的文件格式包括 NTFS、FAT、FAT32。

① FAT32。FAT 是文件分配表,它的意义在于对硬盘分区的管理。FAT32 能有效地管理 2GB 以上的硬盘,优点是访问方便,缺点是安全性差。

② NTFS。Windows 7 系统应安装在 NTFS 文件格式的卷上。NTFS 具有 FAT 的所有基本功能,并提供了更优于 FAT32 文件系统的特点:安全性更高、对磁盘的使用更有效率、支持大磁盘。

(2) 格式化磁盘

格式化就是为磁盘做初始化的工作,以便能够按部就班地往磁盘上记录资料。就像要在一座房子里存放书籍,我们不会把书直接扔进屋里,而应该先在屋里支起书架,分门别类,把书按类别摆放好。

格式化磁盘的方法如下。

① 在"资源管理器"窗口,在需要格式化的磁盘图标处右击鼠标,弹出快捷菜单,选择"格式化"命令,弹出"格式化"对话框。

② 进行容量、文件系统、卷标的设置,设置完成后,点击"开始"进行格式化。如图 2-27 所示。

(3) 磁盘属性

磁盘的属性包含磁盘类型、文件系统、容量、卷标等常规属性及安全、配额等其他属性。查看磁盘属性的方法如下:

"在资源管理器"窗口中,鼠标右击要查看属性的磁盘图标,弹出快捷菜单,选择"属性"命令。如图 2-28 所示。

图 2-27　磁盘格式化

图 2-28　查看磁盘属性

2.3　控制面板

Windows 7 操作系统不仅界面炫酷，而且功能有着更人性化的设计，控制面板的设计就是其人性化的体验，虽然对于刚接触 Windows 7 的用户有些不习惯，但在熟悉之后，也会体会到微软精妙的设计功能。

2.3.1　Windows 7 控制面板介绍

控制面板（Control Panel）是 Windows 7 图形用户界面的一部分，是系统中重要的设置工具之一。

控制面板允许用户查看并操作基本的系统设置和控制，比如添加/删除软件，控制用户账户，更改辅助功能选项，是用户接触较多的系统界面。在 Windows 7 操作系统中，微软对控制面板有着较多的改进设计。

（1）打开"控制面板"窗口

方法一：单击"开始"菜单中的"控制面板"命令。

方法二：在桌面空白处右击鼠标，选择"个性化"→"更改桌面图标"，在"控制面板"中勾选前面的复选框即可在桌面打开"控制面板"。

方法三：双击桌面"计算机"图标，在弹出的窗口中选择。

方法四：打开控制面板后，在任务栏图标上右击，在弹出的快捷菜单中选择"将此程序锁定到任务栏"，那么控制面板就固定在任务栏上了，下次直接单击任务栏上的"控制面板"图标就可启动，这样很方便。当然，也可以解除锁定。

总之，通过上述方法，都可以打开"控制面板"窗口，如图 2-29 所示。

图 2-29　Windows 7 控制面板窗口

图 2-30　切换查看方式

（2）切换查看方式

Windows 7 系统的控制面板默认是以"类别"的形式来显示功能菜单，每个类别下会显示该类的具体功能选项。除了"类别"，Windows 7 控制面板还提供了"大图标"和"小图标"的查看方式，只需点击"控制面板"右上角"查看方式"旁边的小箭头，从中选择自己喜欢的形式就可以了。如图 2-30 所示。

2.3.2　Windows 7 控制面板应用

控制面板窗口中集成了若干个小项目的设置工具，这些工具的功能几乎涵盖了 Windows 7 系统的所有方面。使用"控制面板"可以更改有关 Windows 7 外观和工作方式的所有设置，使其适合用户的需要。

（1）系统和安全

Windows 7 系统的"系统和安全"主要包括防火墙设置、系统信息查询、系统更新、电源管理、磁盘备份整理等一系列系统安全的配置。另外还能实现对计算机状态的查看、计算机备份以及查找和解决问题的功能。如图 2-31 所示。

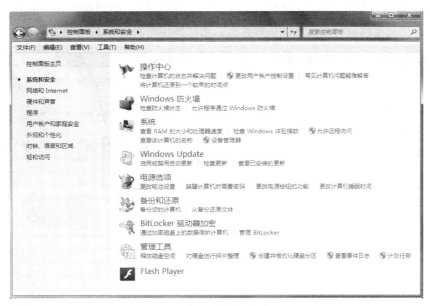

图 2-31　系统和安全

（2）外观和个性化

Windows 7 系统的外观和个性化包括对桌面、窗口、按钮、菜单等一系列系统组件的显示设置。在"控制面板"类别中单击"外观和个性化"图标，弹出如图 2-32 所示的窗口。从图中可以看出，该界面包含"个性化"、"显示"、"桌面小工具"、"任务栏和开始菜单"、"轻松访问中心"、"文件夹选项"和"字体"7 个选项。下面介绍几种常用的设置。

图 2-32　外观和个性化设置

① 更改主题。主题是计算机上的图片、颜色和声音的组合。它包括桌面背景、屏幕保护程序、窗口边框颜色和声音方案。某些主题也可能包括桌面图标和鼠标指针。Windows 7 提供了多个主题。可以选择 Aero 主题使计算机个性化；如果计算机运行缓慢，可以选择 Windows 7 基本主题；如果希望屏幕更易于查看，可以选择高对比度主题。操作步骤如图 2-33 所示。

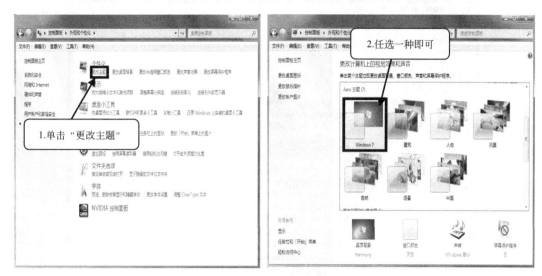

图 2-33　更改主题

② 设置显示器的分辨率。在 Windows 7 系统中，可以根据使用的需要进行显示器分辨率的设置，具体操作如图 2-34 所示。

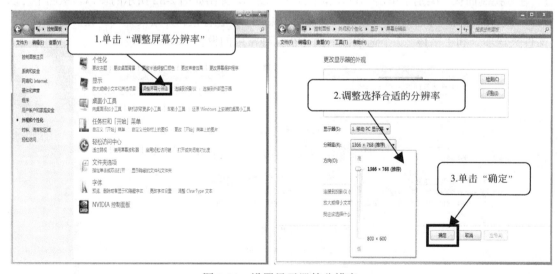

图 2-34　设置显示器的分辨率

（3）程序

在 Windows 7 系统中安装程序很方便，既可以直接运行程序的安装文件，也可以通过系统的"程序和功能"工具更改和删除操作。通过"打开或关闭 Windows 功能"可以安装和删除 Windows 组件，此功能大大扩充了 Windows 系统功能。

在控制面板中打开"程序"对话框，包括 3 个属性："程序和功能"、"默认程序"和"桌面小工具"。这里主要介绍"程序和功能",其所对应的窗口如图 2-35 所示。

图 2-35　程序和功能窗口

在该区用户可以利用"更改"按钮来重新启动安装程序,然后对安装配置进行更改;也可以利用"卸载"按钮来卸载程序。若只显示"卸载"按钮,则用户对此程序只能执行卸载操作。Windows 操作系统删除应用程序,必须通过"卸载"才能彻底地、安全地把应用程序从计算机上删除且不会破坏系统文件,这是区别于苹果和安卓系统的地方。

在"程序和功能"窗口中单击"打开或关闭 Windows 功能"按钮,出现"Windows 功能"对话框,在对话框的"Windows 功能"列表框中显示了可用的 Windows 功能。当将鼠标移动到某一功能上时,会显示所选功能的描述内容。勾选某一功能后,单击"确定"按钮即可进行添加,如果取消组件的复选框,单击"确定"按钮,会将此组件从操作系统中删除,如图 2-36 所示。

注意有的组件需要提供系统的安装光盘或者程序才能完成。

图 2-36　添加删除组件

（4）用户账号和家庭安全

Windows 7 支持多用户管理,可以为每一个用户创建一个用户账户并为每个用户配置独立的用户文件,从而使得每个用户登录计算机时,都可以进行个性化的环境设置。

在"用户账户"中,可以更改当前用户的密码和图片,也可以添加或删除用户账户,修改用户密码操作。如图 2-37 所示。

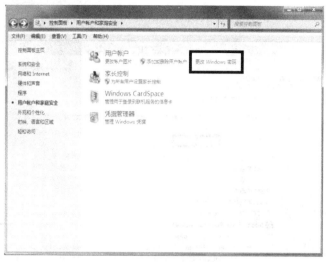

图 2-37 用户账户管理

"用户账户和家庭安全"中用户可以实现用户账户、家长控制等管理功能。家长控制帮助家长确定他们的孩子能玩哪些游戏、哪些程序,能够访问哪些网站以及何时执行这些操作。

控制面板中的"网络和 Internet"将在后面章节介绍。其余功能相对容易,用户可自行按系统提示进行操作。

2.4 Windows 7 应用程序工具

2.4.1 附件

Windows 7 提供了一些实用的小程序,如写字板、画图、计算器、便笺、放大镜和录音机等,这些程序被统称为附件,用户可使用它们完成相应的工作。启动的方法如图 2-38 所示。

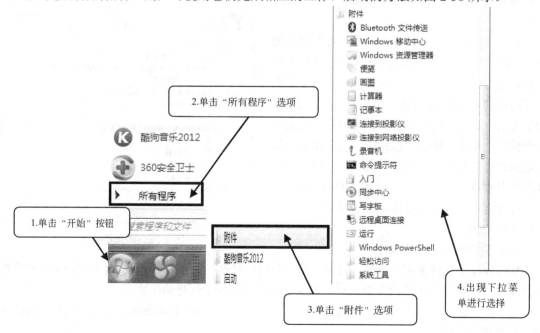

图 2-38 Windows 7 附件的启动方法

下面就几个常用附件应用程序进行简单介绍。

（1）写字板

写字板是 Windows 7 系统自带的一个文档处理程序，利用它可以在文档中输入文字，插入图片、声音和视频等，还可以对文档进行编辑、设置格式和打印等操作。写字板界面如图 2-39 所示。

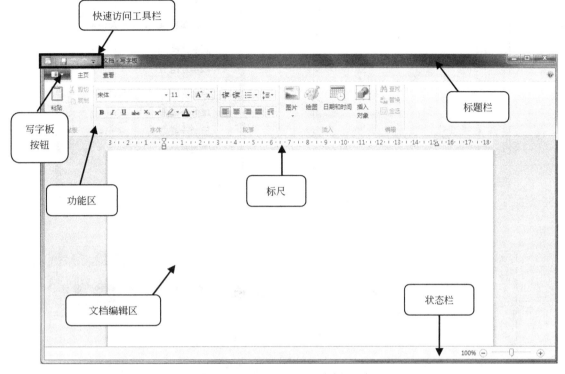

图 2-39　Windows 7 写字板界面

启动写字板程序后就可以在其中创建文档并编辑，如通过"字体"面板上的相应按钮设置所选文本的字符格式，通过"段落"面板上的相应按钮进行段落格式的设置，通过"插入"面板上的"图片"按钮在文档中插入图片等，以及选择、移动和复制文本等。

（2）计算器

Windows 7 自带了一个功能强大的"计算器"程序，它是一个数学计算工具，与日常生活中的小型计算器类似。它分为"标准型"、"科学型"、"程序员"和"统计信息"等模式，用户可以根据需要选择特定的模式进行计算。除此之外，它还有基本、单位转换、日期计算、工作表四种功能。

默认情况下，第一次打开计算器时，显示的是标准型计算器界面。如图 2-40 所示。

点击"查看"菜单，可以看到计算器提供的标准型、科学型、程序员、统计信息四种模式，以及基本、单位转换、日期计算、工作表四种功能，如图 2-41 所示。

（3）画图

Windows 7 提供了一个简单的图形处理工具——"画图"。其主要功能是图片处理，可以画简单的图形，还可以完成一些简单的操作，如图片裁剪、图片旋转、调整图片大小等图片处理。"画图"界面如图 2-42 所示。

"画图"窗口的组成与"写字板"类似，唯一不同之处是工作区部分称为"画布"。

图 2-40　Windows 7 计算器

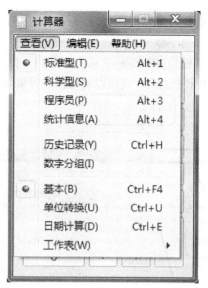

图 2-41　Windows 7 计算器"查看"菜单

图 2-42　Windows 7 画图

"画图"除简单图形处理外，还可以通过 Windows 7 的"剪贴板"与其他程序完成图形的全部和部分复制和粘贴。按"Print Screen"键或"Alt+ Print Screen"组合键可以将整个屏幕或当前窗口复制到"剪贴板"，将"剪贴板"中的内容粘贴到"画图"中可以制作屏幕截图。

（4）录音机

使用 Windows 7 附件中的"录音机"程序可以录制声音，并可将录制的声音作为音频文件保存在电脑中。要使用录音机程序录制声音，应确保电脑上装有声卡和扬声器，还要有麦克风或其他音频输入设备。"录音机"录制过程如图 2-43 所示。

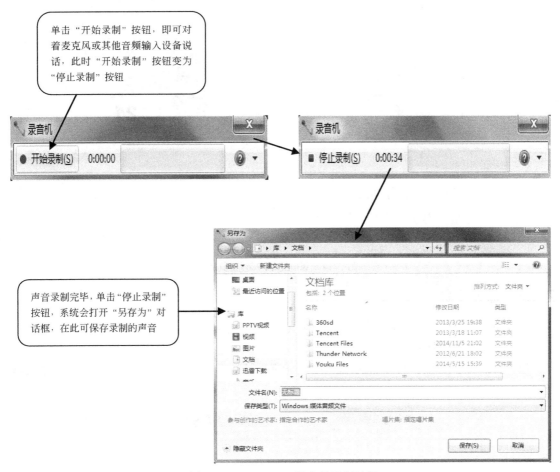

图 2-43　Windows 7 录音机录制过程

2.4.2　桌面小工具

Windows 7 较以往的操作系统增加了一个"桌面小工具"程序，它是一个非常不错的桌面组件，通过它可以改善用户的桌面体验。用户不仅可以改变桌面小工具的尺寸，还可以改变位置，并且可以通过网络更新、下载各种小工具。

"桌面小工具"的启动方法如下。

方法一：在桌面空白处单击鼠标右键，在弹出的快捷菜单中选择"小工具"选项。

方法二：打开"控制面板"，在类别中选择"外观和个性化"，在弹出的窗口中选择"小工具"选项。

按照上述方法打开的"桌面小工具"窗口如图 2-44 所示。

用户可以根据自己的需要添加适合自己的小工具到桌面。如要添加日历、时钟、天气到桌面，在图 2-44 中选择相应的图标双击即可完成。

小工具在桌面上显示的位置可以直接用鼠标拖动调整，如果不需要可以直接关闭。方法是在该工具上单击鼠标右键，在弹出的快捷菜单中选择"关闭小工具"选项。

图 2-44　Windows 7 小工具库

2.4.3　管理工具

Windows 7 管理工具是控制面板中的一个文件夹,它包含用于系统管理员和高级用户的工具。

(1) 管理工具的打开

以大图标的方式打开"控制面板",单击"管理工具",即可打开"管理工具"窗口,如图 2-45 所示。

图 2-45　Windows 7 "管理工具"窗口

(2) 管理工具的使用

① 组件服务。配置和管理组件对象模型(COM)组件。组件服务是专门为开发人员和管理员使用而设计的。

② 计算机管理。通过使用单个综合的桌面工具管理本地或远程计算机。使用"计算机管理",

您可以执行很多任务,如监视系统事件、配置硬盘以及管理系统性能。

③ 数据源(ODBC)。使用开放式数据库连接(ODBC)将数据从一种类型的数据库("数据源")移动到其他类型的数据库。

④ 事件查看器。事件查看器是一种显示有关计算机上的重要事件(例如,没有按预期启动的程序或自动下载的更新)的详细信息的工具。查看有关事件日志中记录的重要事件(如程序启动、停止或安全错误)的信息。对 Windows 和其他程序的问题和错误进行疑难解答时,事件查看器很有帮助。

⑤ iSCSI 发起程序。配置网络上存储设备之间的高级连接。

⑥ 本地安全策略及具有高级安全的 Windows 防火墙。查看和编辑组策略安全设置及在该计算机以及网络上的远程计算机上配置高级防火墙设置。

⑦ 性能监视器 Windows 及内存诊断。查看有关中央处理器(CPU)、内存、硬盘和网络性能的高级系统信息及检查您的计算机内存以查看是否正常运行。

⑧ 打印管理。管理打印机和网络上的打印服务器以及执行其他管理任务。

⑨ 系统配置及服务系统配置。识别可能阻止 Windows 正确运行的问题及管理计算机的后台中运行的各种服务。

⑩ 任务计划程序。计划要自动运行的程序或其他任务。

(3)管理工具的使用举例

① 事件查看器

a. 打开"事件查看器"

方法一:在如图 2-46 所示的"管理工具"窗口中双击"事件查看器"选项。

方法二:单击"开始"按钮。在搜索框中,键入 Event Viewer,然后在结果列表中,单击"查看事件日志"。

注意:如果系统提示您输入管理员密码或进行确认,请键入该密码或提供确认。

通过上述方法,均可打开"事件查看器"对话框,如图 2-46 所示。

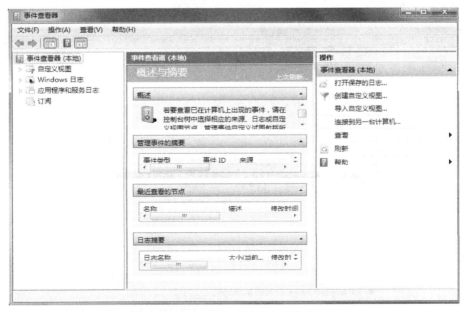

图 2-46　Windows 7"事件查看器"窗口

b. 使用"事件查看器"：单击左窗格中的事件日志，双击事件即可查看该事件的详细信息。

②计算机管理

a. 打开"计算机管理"：在如图 2-45 所示的"管理工具"窗口中双击"计算机管理"选项，打开"计算机管理"对话框，如图 2-47 所示。

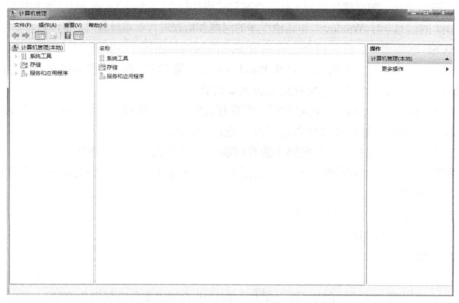

图 2-47　Windows 7 "计算机管理"窗口

b. 使用"计算机管理"：单击左窗格中的"存储"，双击右窗格中的"磁盘管理（本地）"即可查看计算机中有关磁盘的详细信息。如图 2-48 所示。

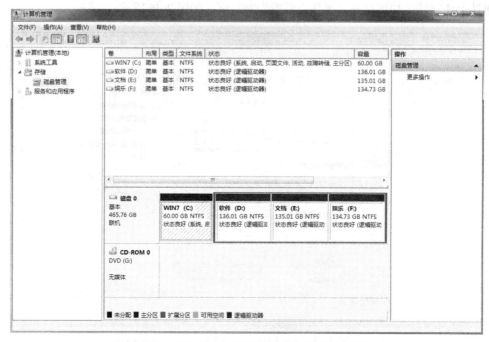

图 2-48　Windows 7 "磁盘管理（本地）"窗口

课后习题

1. 填空题

（1）Windows 7 操作系统启动后，用户所看到的整个屏幕，就是（　　　　）。

（2）在 Windows 7 中，任务栏通常处于屏幕的（　　　　）。

（3）通过"任务栏"上的（　　　　）图标，可以进行输入法的切换。

（4）文件的名字通常由文件名和（　　　　）两个部分组成。

（5）要安装 Windows 7，系统磁盘分区必须为（　　　　）格式。

（6）选定多个不相邻的文件的方法是按住键盘上的（　　　　）键不放，再逐个单击要选定的文件。

（7）Win7 系统默认有四个库分别是视频、图片、（　　　　）、音乐。

（8）在 Windows 7 中个性化设置包括（　　　　）、（　　　　）、（　　　　）、（　　　　）和（　　　　）。

（9）Windows 7 控制面板中的设置项目有（　　　　）、（　　　　）、（　　　　）、（　　　　）、（　　　　）、（　　　　）和（　　　　）。

2. 选择题

（1）下面关于桌面图标的描述，错误的是（　　）。

    A．图标可以代表快捷方式　　　　B．图标可以代表文件夹

    C．图标只能代表某类型程序的程序组　D．图标可以代表任何文件

（2）在 Windows 7 中操作系统中，下面对窗口的描述中错误的是（　　）。

    A．窗口是 Windows 7 应用程序的用户界面

    B．桌面也是 Windows 7 的一种窗口

    C．用户可以改变窗口的大小或移动窗口

    D．窗口主要由标题栏、菜单栏、状态栏、滚动条等组成

（3）在 Windows 7 操作系统中，"Ctrl"+"C"是（　　）命令的快捷键。

    A．复制　　　　B．粘贴　　　　C．全选　　　　D．剪切

（4）在 Windows 7 操作系统中，"Ctrl"+"X"是（　　）命令的快捷键。

    A．复制　　　　B．粘贴　　　　C．全选　　　　D．剪切

（5）在 Windows 7 操作系统中，"Ctrl"+"V"是（　　）命令的快捷键。

    A．复制　　　　B．粘贴　　　　C．全选　　　　D．剪切

（6）文件的类型可以根据（　　）来识别。

    A．文件的大小　B．文件的用途　C．文件的扩展名　D．文件的位置

（7）Windows 7 系统的控制面板默认是以（　　）形式来显示功能菜单。

    A．大图标　　　B．类别　　　　C．小图标　　　D．分类

（8）下列属于 Windows 7 附件程序的有（　　）。

    A．便笺　　　　B．日历　　　　C．天气　　　　D．计算机管理

（9）Windows 7 "画图"窗口的工作区部分称为（　　）

    A．编辑区　　　B．画图区　　　C．文档区　　　D．画布

综合实训

实训一 Windows 7 基本操作

【实训目的】

掌握 Windows 7 的基本操作。

【内容步骤】

1. 启动和退出 Windows 7 操作系统。
2. 修改桌面图标为指定图形。
3. 利用任务栏上的图标将输入法切换为极点五笔。
4. 将任务栏锁定。
5. 将窗口进行"层叠窗口"排列。

实训二 Windows 7 文件管理

【实训目的】

熟悉 Windows 7 资源管理器对文件管理的操作。

【内容步骤】

1. 在 E:\ 下创建名为 test 的文件夹,在 test 文件夹下再创建两个文件夹 a 和 b。
2. 在 E:\test\a 文件夹下创建名为 a1.txt 的空文本文件。
3. 在 E:\test\b 文件夹下,创建 b1、b2 两个文件夹,然后在 b2 文件夹中创建 c2.bmp。
4. 在硬盘上搜索文件 a1.txt,并将其复制到 E:\test\b\ b1 下,并改名为 c1.txt。
5. 将 E:\test\b 下的 b1 文件夹的属性设置为"隐藏"。
6. 把 E:\test\b\b2 中的文件 c2.bmp 移动到 E:\test\a 文件夹下。
7. 删除 E:\test\b 下的文件夹 b2。

实训三 Windows 7 基础操作

【实训目的】

熟悉 Windows 7 操作系统控制面板的使用。

【内容步骤】

1. 下载一个 QQ 五笔,安装好,并在控制面板中卸载。
2. 打开附件中的"计算器"程序,把它设置为"程序员"类型,计算十进制数 345 转换为二进制数是多少。
3. 把显示器的分辨率调整为 1024×768,并在桌面的右上方显示"日历"小工具。

第 3 章

文字处理 Word 2010

本章学习要点

1. 了解 Word 的发展，学会正确启动和关闭 Word。
2. 了解 Word 的窗口组成。
3. 熟练掌握 Word 文档字符以及段落格式设置。
4. 熟练掌握 Word 分栏、边框和底纹等高级排版设置。
5. 了解 Word 文档中的图形图片样式，掌握如何在 Word 文档中绘制图形。
6. 掌握 Word 文档中插入图片、剪贴画、艺术字及文本框等操作。
7. 掌握创建表格、编辑和调整表格的基本方法。
8. 熟练掌握利用表格在 Word 文档中实现图文混排。
9. 学会任意表格的制作，表格格式化与表格样式的应用。
10. 了解表格中数据的简单计算。
11. 利用"页面布局"对 Word 文档进行页面设置。
12. 掌握在 Word 文档插入页眉、页脚及页码的操作方法。
13. 学会文档的打印及打印预览。

3.1 Word 2010 入门

3.1.1 Office 2010 简介

Microsoft Office 2010（又称为 Office 2010），是一套办公室应用软件，是继 Microsoft Office 2007 后的发行版。该软件一共有 6 个版本，分别为初级版、家庭及学生版、家庭及商业版、标准版、专业版和专业高级版。不同版本包含的组件不尽相同。其中最常使用的组件包括：

Word 2010（文字处理工具）；
Excel 2010（电子表格处理工具）；
Outlook 2010（电子邮件客户端）；
PowerPoint 2010（幻灯片制作工具）；
Access2010（数据库管理系统）；

OneNote 2010（笔记程序）。

3.1.2　Word 2010 简介

Word 2010 是 Microsoft 公司开发的 Office 2010 办公组件中使用最广泛的软件之一，是一款用于文字处理的软件。Word 2010 是目前 Word 的流行版本，上市时间为 2010 年 6 月 18 日。

Word 2010 提供了非常出色的文字编辑功能，在以往 Word 的基础上新增了十大功能，更轻松高效地完成文档编辑，创建十分专业的文档。

新增加的十大功能如下。

（1）全新的导航搜索窗口

在 Word 2010 中，利用改进的新"查找"功能可以更快速、轻松地查找所需的信息，经过改进的文档导航窗口提供文档的直观大纲，以便对所需的内容进行快速浏览、排序和查找。

（2）与他人协同办公

Word 2010 重新定义了人们可针对某个文档协同工作的方式。利用共同创作功能，实现文档的级别的内容写作。

（3）可以从任何位置访问和共享文档

借助 Word 2010，可以从多个位置使用多种设备来体会文档操作过程。通过在线发布文档，使任何一台计算机或您的 Windows Mobile 的 Smartphone 的 Word 移动增强版本对文档进行编辑和查看。

（4）为文本添加视觉特效

利用 Word 2010，您可以将像阴影、凹凸效果、发光以及映像等效果轻松添加到文字中，并且可以将文本效果添加到段落格式。从而使文字完全融入到图片中去。

（5）将文本转换为精彩的图表

Word 2010 为您提供用于使文档增加视觉效果的更多选项。使用 SmartArt 即可将文本转换为引人入胜的视觉画面，用户只需键入项目符号列表，就可以建构精彩的图表。

（6）增加文档视觉冲击力

利用 Word 2010 中提供的新型图片编辑工具，可以添加特殊的图片效果。

（7）安全的文档恢复功能

在文档编辑过程中，如果遇到意外断电等情况而使文档强行关闭，在这种情况下，利用 Word 2010 提供的文档版本管理功能，用户可以打开并恢复最近所编辑文件的草稿版本，从而避免文档丢失。

（8）完成语言翻译

Word 2010 可以轻松地翻译某个单词、词组或者文档。根据屏幕提示、帮助内容和显示，分别对语言进行设置。

（9）简单便捷的截图

用户可以从 Word 2010 中捕获和插入屏幕截图，以快速、轻松地将视觉插图纳入到您的工作中。

（10）利用增强的用户体验完成更多工作

Word 2010 简化功能的访问方式。

3.1.3　Word 2010 的窗口界面

（1）窗口的介绍

① 启动 Word 2010

方法一：单击"开始"菜单，选择"所有程序"→Microsoft Office→Microsoft Word 2010，就可以启动 Word 2010。

方法二：在 Windows 桌面双击 Word 文档文件，同样可以启动 Word 2010。

② 退出 Word 2010

方法一：文档保存后，单击"文件"选项卡下的"关闭"按钮，退出当前文档。

方法二：单击 Word 窗口右上角的"关闭"按钮。

方法三：单击"文件"选项卡的"退出"按钮，退出当前打开的所有文档。

③ 窗口的组成。启动 Word 2010 后，进入了 Word 2010 的窗口界面。Word 2010 窗口由文件选项卡、标题栏、快速访问工具栏、功能区、文档编辑区、显示按钮、滚动条、缩放滑块和状态栏等部分组成，如图 3-1 所示。

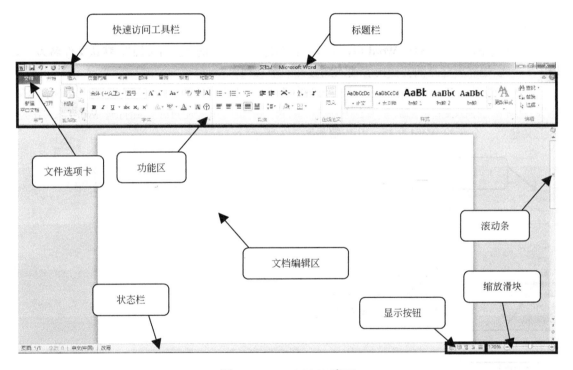

图 3-1   Word 2010 窗口

（2）功能区的介绍

Word 2010 与以往 Word 相比，其显著的变化就是取消了传统的菜单操作方式，取而代之的是各种功能区的操作。在 Word 2010 窗口上方是各个功能区的名称，单击这些名称时会打开与之相对应的功能区面板。每个功能区面板又分为若干个组，每个功能区所拥有的功能如下所述。

① "开始"功能区：对应 Word 2003 的"编辑"和"段落"菜单部分命令，包括剪贴板、字体、段落、样式和编辑五个组。该功能区主要用来对 Word 2010 文档进行文字编辑和格式设置，是用户最经常使用的功能区。

② "插入"功能区：对应 Word 2003 的"页面设置"菜单命令和"段落"菜单中的部分命令，包括页、表格、插图、链接、页眉和页脚、文本、符号几个组，主要用来帮助用户设置 Word 2010 文档中插入的各种元素。

③ "页面布局"功能区：对应 Word 2003 的"页面设置"菜单名和"段落"菜单中的部分命令，

包括主题、页面设置、稿纸、页面背景、段落、排列几个组，用来设置 Word 2010 文档页面样式。

④"引用"功能区：包括目录、脚注、引文与数目、题注、索引和引文目录几个组，用来实现在 Word 2010 文档中插入目录等一些比较高级的功能。

⑤"邮件"功能区：包括创建、开始邮件合并、编写和插入域、预览结果和完成几个组，该功能区专门用来在 Word 2010 文档中进行邮件合并。

⑥"审阅"功能区：包括校对、语言、中文简繁转换、批注、修改、更改、比较和保护几个组，主要用来对 Word 2010 文档进行校对和修订等操作，适用于多人协作处理 Word 2010 长文档。

⑦"视图"功能区：包括文档视图、显示、显示比例、窗口和宏等几个组，主要用来设置 Word 2010 操作窗口的视图类型。

3.1.4 文档的基本操作

（1）新建文档

① 新建空白文档。启动 Word 后，系统会自动建立一个新的"空白文档"，默认文件名为"文档1"，可以把需要建立的文档内容输入到打开的空文档。

如果已经启动 Word，需要再建立一个新的"空白文档"，可单击"文件"选项卡，选择"新建"，选择"空白文档"，然后单击右下角的"创建"按钮，系统便可在已经打开 Word 文档的基础上又建立一个新的 Word 文档，其步骤如图 3-2 所示。

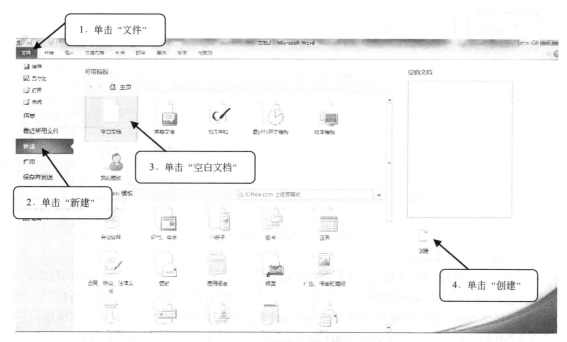

图 3-2 新建 Word 文档

② 根据已有模板创建新文档。Word 2010 为用户提供了"可用模板"样式，以及"office.com 模板"样式，当用户要创建一些特殊文档，比如：书法字帖、报告、传真、会议纪要等，就可以利用模板样式来完成。

（2）打开文档

通过双击已经存在的 Word 文档图标可以打开 Word 文档。另外，Word 窗口中也提供了打开已经保存过的文档的方法：选择"文件"选项卡中的"打开"命令，弹出"打开"对话框，如图 3-3 所示，选中要打开的文档，双击或者单击"打开"按钮，就可以完成打开文档的操作。

图 3-3 "打开"对话框

（3）保存文档

为了防止文档数据丢失，在文档编辑过程中或文档关闭前，一定要保存文档。第一次进行文档保存时，会出现"另存为"对话框，如图 3-4 所示。用户要为新文档取一个名字，然后选择好保存的路径，最后单击"保存"按钮，就可以完成保存文档的操作。当已经保存过的文档，用户再次进行编辑后，单击"保存"，就会将修改过的文档直接保存。

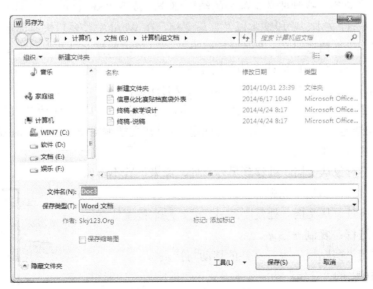

图 3-4 "另存为"对话框

（4）关闭文档

要关闭当前的文档窗口，可以单击"文件"选项卡的"关闭"按钮。如果要关闭当前打开的所有 Word 文档，则应该单击"文件"选项卡中的"退出"按钮。

3.2 基本排版

3.2.1 文档内容的输入

（1）输入文本的位置

文档编辑的第一步就是输入文本，打开文档后在文档编辑窗口中的光标插入点，即不停闪烁的"|"处输入文本。文本输入有两种模式：一是默认的"插入"模式，即输入的文字插入在光标的闪烁处，不覆盖后面的内容；二是"改写"模式，即输入的文字将覆盖光标后面的原有的内容。两种模式可以通过键盘上的"Insert"键以及状态栏上的"插入/改写"按钮来改变。

（2）文字的换行

在Word输入文本过程中，按"Enter"键可以换行，表示一个段落的完成。如果希望另起一行，但还属于同一段落，可以使用"Shift+Enter"组合键来完成。

3.2.2 文档的编辑

（1）文本内容的选定

在Word中文字处理的最大特点，就是要"先选中文档，再进行操作"。在文本内容选定后，默认状态是以蓝底黑字突出显示。

① 选中一个字或者文档中的一部分

方法一：将鼠标移动到要选的汉字或字符前，按住鼠标左键，拖动到要选中部分的末尾，然后松开鼠标左键，即可完成选中操作。

方法二：如果要选择较长的文本，可以将鼠标光标定位于要选定部分的开始部分，然后通过移动窗口右端的滚动条，找到要选定部分的结尾部分，按下"Shift+单击"，即可完成。

② 快速选中一行文本、一段文本以及整篇文档。在Word中，要想快速选定文档，可以将鼠标移到文档左侧——文档选定区，此时鼠标变为"⇧"，单击鼠标左键选定一行文本，双击鼠标左键选定一段文本，三击鼠标左键或者使用快捷键"Ctrl+A"即可选定整篇文档。

③ 选取矩形区域。按住"Alt"键，单击该段的任意位置即可完成。

④ 选取不连续的多个文本。先选中一个文本，再按住"Ctrl"键拖动鼠标选中其他文本。

⑤ 取消文档选定。要想取消文档内容的选定，可以在文档编辑窗口的任何地方单击鼠标即可。

（2）移动和拷贝文本

移动文本：将对象从文档一处移到另外一处，原来位置不再保留该对象。操作过程：剪切→粘贴。

拷贝文本：将对象从文档一处复制到另一处，原来位置依然保留该对象。操作过程：复制→粘贴。

方法一：利用"剪贴板"进行文件的移动与拷贝

在Word 2010中的"开始"功能区下设置了"剪贴板"功能组，如图3-5所示，包括剪切、复制、粘贴和格式刷等编辑功能。

剪贴板是计算机中临时存放信息的特殊区域，是对文本进行快速复制的好方法。

图3-5 剪贴板

当完成选定文本操作后，可以利用剪切和复制两种方式将所选定对象存放到剪贴板上去。然后再根据用户需要进行粘贴。

"剪切"是将选定的对象从文档中删除,然后存放到剪贴板。

"复制"功能是将选定对象进行备份,然后复制到剪贴板。

"粘贴"功能是将剪贴板上的内容复制到文档中插入点所在的位置后面。

方法二:利用鼠标拖拽进行文件的移动与拷贝

① 移动文件到目标位置:选择要移动的文件,按住鼠标左键,拖动到目标位置。

② 拷贝文件到目标位置:选择要复制的文件,按住 Ctrl,再按住鼠标左键,拖动到目标位置。

(3)插入符号与特殊符号

在文档编辑过程中,需要插入一些特殊符号如【、§、◎、★、♀等键盘上不能直接输入的字符,用来增强文章的可读性。

这些特殊符号的插入是通过"插入"功能区的"符号"功能组,打开"符号"对话框来实现,如图 3-6 所示。

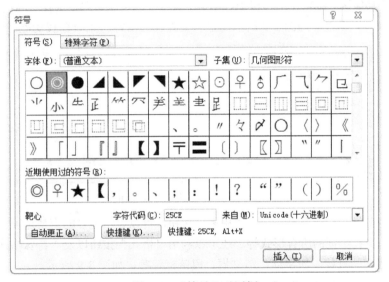

图 3-6 "符号"对话框

(4)文档的撤销与重复

在文档编辑过程中,难免会出现误操作,比如误删除了某一段文本或者图形等。Word 2010 为用户提供了撤销命令,可以撤销前面所做操作,并且还可以通过重复命令来恢复。

撤销可利用快速访问工具栏上的" "命令按钮来实现,重复操作则可用" "按钮,"撤销"和"重复"按钮右边都有一个下拉列表,其中列出了最近撤销过的命令和执行过的命令。

3.2.3 查找与替换

在长篇文档中查找某一内容或者将某一特定内容更改为其他内容,是非常复杂也非常麻烦的工作,因此,在各种文字处理软件中,查找与替换是一种必须具备的功能。Word 2010 也为用户提供了非常强大的查找与替换功能,使用户可以轻松地完成这一操作。

(1)利用"导航窗体"中进行查找

Word 2010 为用户提供了全新的文档导航窗体进行查询,用户可以在"开始"功能区的"编辑"工作组中,单击"查找"按钮,打开"导航窗体",在"导航窗体"中输入要查找的内容,文档将快速定位到包含该关键字的所有内容,并在文档中高亮显示该字符,如图 3-7 所示。

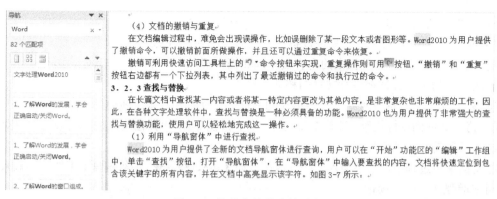

图 3-7 导航窗体的查找功能

(2) 利用"查找与替换"对话框来进行查找

在"开始"功能区"编辑"工作组中,单击"查找"的下拉菜单,选择"高级查找",就会打开"查找与替换"对话框,如图 3-8 所示,输入要查找的内容,完成查找功能。

图 3-8 "查找与替换"对话框

在"查找与替换"对话框里,单击"更多"按钮,可以显示更多的查找选项。比如:使用通配符进行查找,查找单词的所有形式等。还可以利用"格式"按钮以及"特殊格式"按钮的下拉菜单,进行带格式的查找。如字体、图文框、段落标记等,如图 3-9 所示。

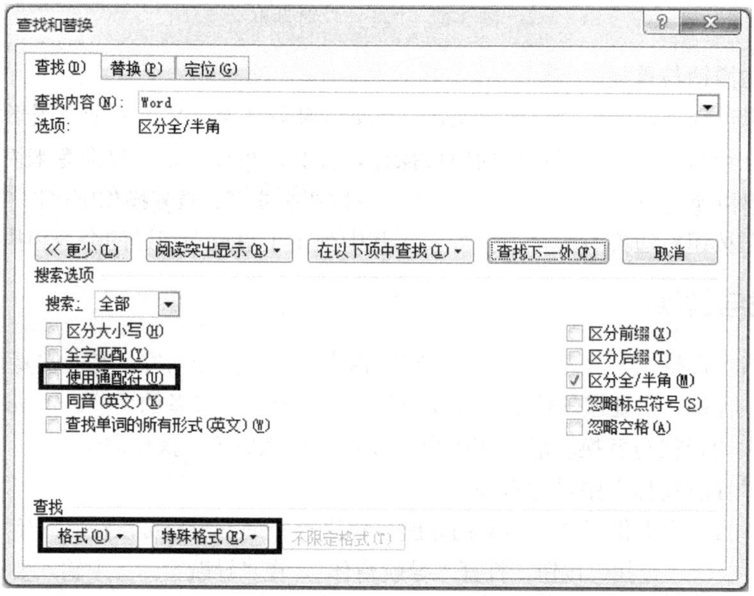

图 3-9 "查找"选项卡高级选项

(3）替换

在"查找"文档内容后，用户还可以对内容进行"替换"，也就是说"替换"是以"查找"为基础的。用户通过上述方法打开"查找与替换"对话框，然后选择"替换"选项卡，也可以在"编辑"工作组中直接选择"替换"按钮，"替换"选项卡中有一个"替换为"框，用户可以根据需要将查找到的内容替换成"替换为"中输入的文字。也可以在"替换"选项卡中，选择"更多"按钮，进行"格式"以及"特殊格式"的替换，如图3-10所示。

图3-10 "替换"选项卡

3.2.4 自动更正与拼写检查

为了保证文档中所输入的语句以及词组的正确性，Word 2010为用户提供了自动更正与拼写检查功能。在文档的输入过程中，经常会发现某些单词或者短语下方有红色或者绿色的波浪线，其中红色表示该短语或者单词存在拼写错误，而绿色则表示存在语法错误。

用户可以通过"拼写和语法"对话框，如图3-11所示，来检查及更正这些拼写和语法错误。其操作步骤如下。

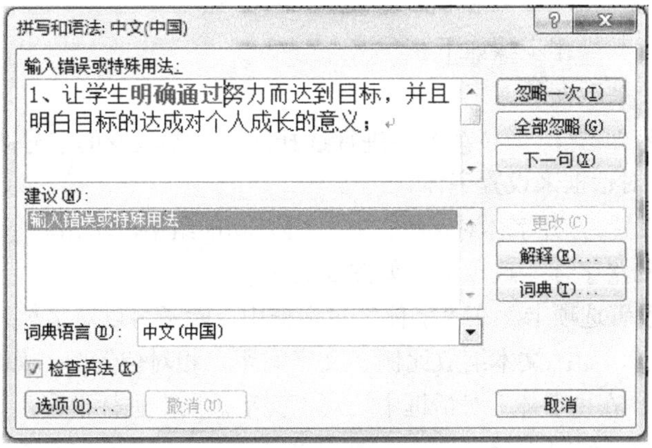

图3-11 "拼写与语法"对话框

① 选择"审阅"功能区，选择"校对"功能组的"拼写和语法"，打开"拼写和语法"对话框。在错误提示文本框中会显示存在拼写及语法错误的单词或者短语。

② 检查显示出的单词或者短语是否确实存在拼写或者语法错误，如果确实存在错误，在"易错词或者输入错误或特殊用法"文本框中进行更改并单击"更改"按钮即可。如果显示出的单词或者短语不存在错误，可以单击"忽略一次"或者"全部忽略"按钮来忽略修改建议，也可以单击"词典"按钮将显示出的单词或词组添加到 Word 2010 的内置词典中。

③ 在完成拼写和语言检查后，单击"拼写和语法"对话框中"关闭"或"取消"按钮。

3.2.5 格式化文档

在编辑文档的过程中，为了使版面规范、美观，常常需要设置文档的各种格式，例如：字符格式设置、段落格式设置等，这样的操作称为格式化文档。

（1）字符格式化

字符是文档最基本的组成部分，文档质量的好坏，除了取决于内容外，与字体格式也有着相当密切的关系。"字体格式"主要包括：字体、字形、字号、字体颜色、加粗、斜体、下划线、文字效果等。用户可以通过两种方式来设置"字体"格式。

① 使用"字体"功能组设置字体。对文字格式进行设置，可以通过"开始"选项卡"字体"功能组的命令按钮来实现，如图 3-12 所示。

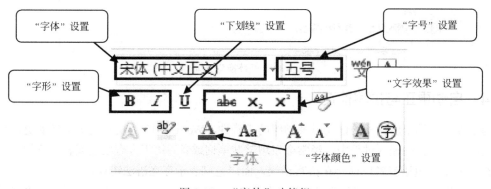

图 3-12 "字体"功能组

以改变字号为例，其操作步骤如下。

步骤一：首先选中要改变的文字。

步骤二：在"字号" 五号 下拉菜单中进行选择，选择要改变的字号即可。

② 使用"字体"对话框来设置字体

a."字体"选项卡设置。打开字体对话框：在"字体"功能组中，单击右下角的扩展按钮" "，打开"字体"对话框的"字体"选项卡，如图 3-13 所示。

b."文字"高级设置选项卡。在"字体"对话框中，除了可以对字体进行基本格式设置，还可以进行"高级设置"，如：文本缩放比例、文字间距、相对位置等，如图 3-14 所示。

c. 文字效果设置。在"字体"对话框中，对"文字效果"进行设置，如：文本填充、文本边框、阴影即三维格式等，如图 3-15 所示。

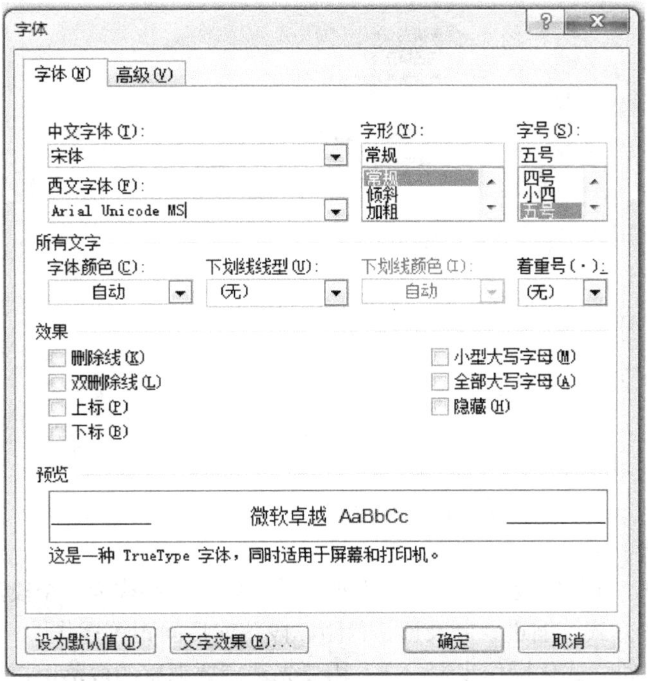

图 3-13 "字体"对话框

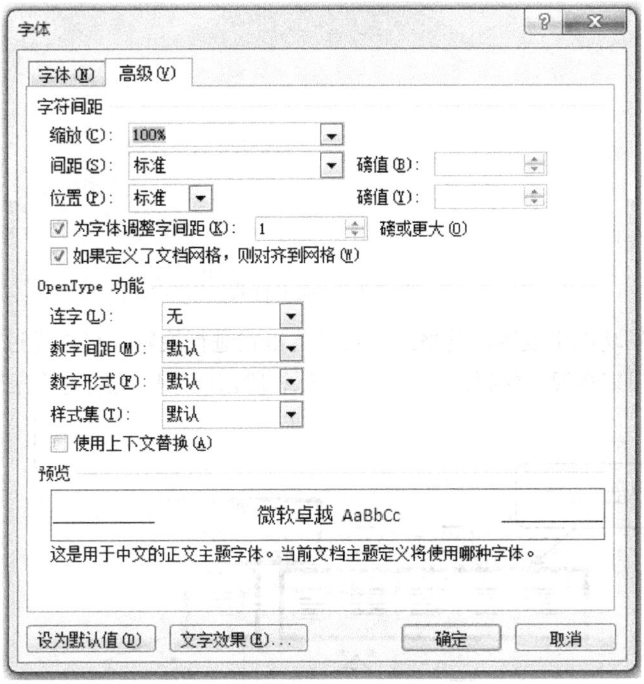

图 3-14 "字体"高级选项卡

图 3-15 "文字效果"设置对话框

(2) 段落格式化

在 Word 文档中，凡是以段落标记" "结束的一段内容都称为一个段落。段落格式设置包括：段落样式、对齐方式、缩进、制表位、行距、段落前后间距等操作。

其操作步骤与字符格式化操作步骤一样，需要先选定要调整的段落，再设置所需要的格式。用户可以通过三种方法来设置"段落"格式。

① 使用标尺简单调整段落格式。利用标尺可以简单设置"首行缩进"、"左缩进"、"右缩进"，如图 3-16 所示。

图 3-16 水平标尺

② 使用"段落"功能组设置段落格式。对段落格式进行设置，可以通过"开始"选项卡"段落"功能组的命令按钮来实现，包括：对齐方式、行和段落间距以及缩进等操作，如图 3-17 所示。

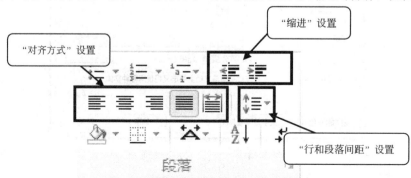

图 3-17 "段落"功能组

③ 使用"段落"对话框设置段落格式。打开段落对话框：在"段落"功能组中，单击右下角的扩展按钮"　"，打开"段落"对话框，如图 3-18 所示。

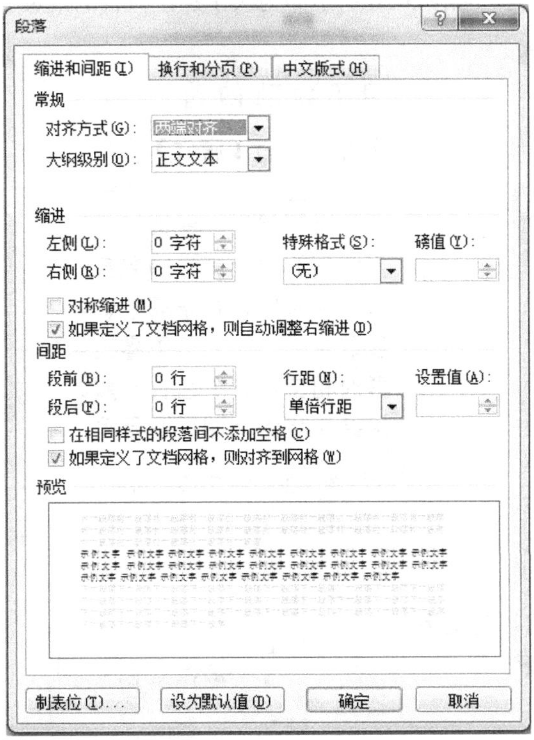

在"段落"对话框中有三个选项卡，其中"缩进和间距"选项卡是用户经常使用的，其中包含以下多项设置。

a．段落对齐方式：是指段落中的文本行与页边空白的相互关系。Word 2010 提供了五种对齐方式，包括两端对齐、居中对齐、右对齐、分散对齐和左对齐。其中"两端对齐"是默认方式。

b．段落缩进：是一种常规的排版要求。是指段落中的文本相对于页边距的距离。包括：左缩进、右缩进以及特殊格式中的首行缩进和悬挂缩进。

c．段落间距和行间距：段落间距是指段与段之间的距离，而行间距是指段落中行与行之间的距离。段落间距包括段前与段后间距的设置；行间距包括六项选项，分别是单倍行距、1.5 倍行距、2 倍行距、最小值、固定值以及多倍行距。其中若选择最小值、固定值以及多倍行距时，要在"设置值"框中输入数字或单击右边的上下箭头调整行距。

图 3-18　"段落"对话框

d．预览：显示进行段落格式设置后的效果。

（3）使用格式刷

格式刷是一个复制格式的工具，既可以复制文档的字符格式也可以复制文档的段落格式。当用户需要对其他一处以及多处文本进行相同的格式设置时，可以利用格式刷来加快完成的速度。

格式刷的使用操作步骤如下：

① 选定具有需要复制的格式的文本块；

② 单击"开始"功能区"剪贴板"工作组的"格式刷"按钮"　"，这时鼠标指针将带有一个刷子；

③ 用鼠标选择目标文本，将原文本上的格式复制到目标文本上。

如果有多处文本需要复制格式，可以双击格式刷，这样每选择一次目标文本就会复制一次原文本的格式，直到单击"格式刷"或者按 Esc 键取消复制操作。

（4）为文字添加拼音

在 Word 文档中，经常会看到一些比较生僻的字，不知道字的读音。Word 2010 中的"拼音指南"对话框，如图 3-19 所示，能够为汉字添加拼音和声调。其操作步骤如下。

步骤一：选中汉字，然后单击"开始"功能区"字体"工作组上的 "　"按钮，打开"拼音指南"对话框。

步骤二：在"拼音指南"对话框里，可以对加注拼音的对齐方式、字体、字号、偏移量等进行设置。

步骤三：如果需要将拼音标注到文字上方，只需单击对话框中的"确定"按钮，如果想取消拼音的声调，需要单击对话框中的"清除读音"即可。如图 3-20 所示即为汉字加注拼音的效果。

图 3-19　"拼音指南"对话框　　　　图 3-20　文字添加拼音

（5）添加带圈文字

在 Word 文档中，需要标注一些特殊文字，可以为文字添加圆形、方形、三角形等圈注。其操作步骤如下。

步骤一：选中需要进行带圈效果的文字。

步骤二：单击"开始"功能区的"字体"工作组中的"字"按钮，打开"带圈文字"对话框，如图 3-21 所示。

步骤三：在对话框中对"圈"的式样进行选择，单击"确定"按钮。

图 3-21　"带圈文字"对话框

3.3　高级排版

3.3.1　项目符号和编号

为了使文档便于阅读，在对文档进行处理时，会在需要的文档段落和标题前添加适当的项目符号和编号。Word 2010 在"开始"功能组的"段落"工作组中提供了设置项目符号按钮" "、编号按钮" "。用户可以在文档中添加已有的项目符号和编号，也可以自己定义新的项目符号和编号。

（1）项目符号

添加项目符号的操作步骤如下。

步骤一：选择要添加项目符号的若干段落。

步骤二：单击"开始"功能区"段落"工作组的"项目符号"下拉菜单按钮，弹出"项目符号"对话框，如图 3-22 所示。

步骤三：在"项目符号库"中选择已有项目符号，或者打开"定义新项目符号"对话框，如图 3-23 所示，自定义新的项目符号。

 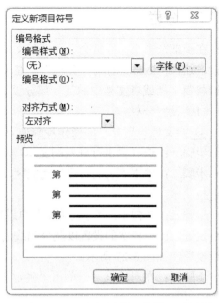

图 3-22 "项目符号"对话框　　　　图 3-23 "定义新项目符号"对话框

（2）编号

添加编号与添加项目符号的操作过程一样，在选中添加编号的段落后，单击"编号"下拉菜单按钮，弹出"编号库"对话框，如图 3-24 所示，添加"编号库"或者"定义新编号格式"的选择，如图 3-25 所示。

 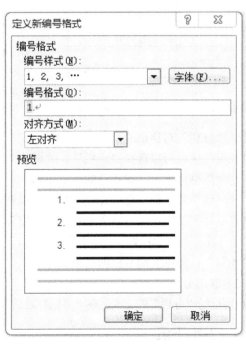

图 3-24 "编号库"对话框　　　　图 3-25 "定义新编号格式"对话框

3.3.2 分栏

在报纸杂志上,经常会看到一篇文章,分成若干个小版块,以便文档看起来层次分明,便于阅读,这种排版效果称为"分栏"。在 Word 2010 中也可以很方便地设置这种分栏效果,用户可以给整篇文档或者文档中的某一部分设置分栏。

(1)设置分栏

① 给文档设置分栏的操作步骤如下。

步骤一:选择要进行分栏的文本。

步骤二:单击"页面布局"功能区,选择"页面设置"工作组中的"分栏",单击"分栏"的下拉菜单。

步骤三:在弹出的"下拉面板"中进行相应选项的选择,如图 3-26 所示;如果要对分栏进行详细设置,比如栏宽的设置以及分隔线的设置等,需要单击"更多分栏",打开"分栏"对话框进行设置,如图 3-27 所示。

步骤四:在对话框中,单击"确定"按钮,完成"分栏"操作。

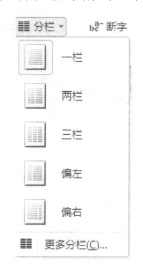

图 3-26 "分栏"下拉菜单

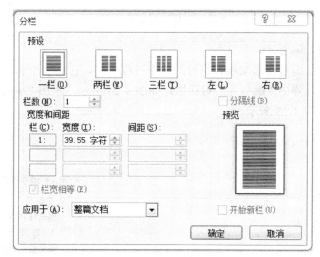

图 3-27 "分栏"对话框

② "分栏"对话框的介绍

"预设"区:可以选择"一栏"、"两栏"、"三栏"、"左"、"右"。

"栏数"框:如果觉得要分的栏数不够,可以在此添加要分的栏数。

"分隔线"复选框:选中此复选框,可以在各个分栏之间加上分隔线,将各栏分开。

"宽度和间距":可以对所分各栏的宽度和间距进行设置。

"应用于"列表框:通过"下拉菜单"可以选择对"整篇文档"或者"所选文字"进行分栏。

"预览":可以看到分栏的效果。

(2)取消分栏

选定已经"分栏"的文本,在"分栏"对话框中"预设"区,选择"一栏",就可以取消分栏。

3.3.3 首字下沉

为了增强文字的可读性,突出文字,可以为其添加"首字下沉"的效果。"首字下沉"就是指段落中的第一个字符放大并下沉。

"首字下沉"的操作步骤如下。

步骤一：选择要下沉的字符。

步骤二：单击"插入"功能区，选择"文本"工作组的"首字下沉"，单击"首字下沉"的下拉菜单。

步骤三：在弹出的"下拉面板"中进行"下沉"或者"悬挂"的相应选择，如图3-28所示，如果想要对下沉的字体以及行数等进行设置，需要单击"首字下沉选项"，打开"首字下沉"对话框，如图3-29所示，进行设置。

图3-28 "首字下沉"下拉菜单　　　　图3-29 "首字下沉"对话框

步骤四：在对话框中，单击"确定"按钮，完成"首字下沉"操作。首字下沉效果，如图3-30所示。

图3-30 设置"首字下沉"效果图

3.3.4　脚注、尾注和题注

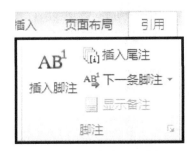

图3-31 "脚注"工作组

（1）脚注、尾注

脚注和尾注是对文本中一些比较专业的词汇或者一些引用的内容进行注解，即补充说明。脚注一般位于文字下方或者页面的下方，作为对文档中文本内容的注解；而尾注一般位于整篇文档的尾部，用来说明该文档的参考文献。Word 2010中，"脚注和尾注"的插入，在"引用"功能区中，如图3-31所示。

① 以插入"脚注"为例，其操作步骤如下。

步骤一：将光标放在需要插入脚注的位置。

步骤二：单击"引用"功能区，选择"脚注"工作组的"插入脚注"按钮。

步骤三:光标自动跳转到页面下方,输入脚注内容即可完成操作。

插入"尾注"的过程与插入"脚注"过程类似,只需要单击"脚注"工作组中的"插入尾注"按钮即可。

② "脚注和尾注"对话框的介绍。在"脚注"工作组右下角有一个扩展按钮" ",单击即可打开"脚注和尾注"对话框,如图 3-32 所示。

  a. 位置列表:可以选择添加"脚注"或"尾注",并且通过下拉菜单,选择添加的位置。

  b. 格式列表:可以通过下拉菜单进行编号格式的选择;设置起始编号;在编号的下拉菜单中,可以设置是整篇文档使用连续编号或者每节重新编号或者是每页重新编号;也可以通过自定义标记来选择输入作为脚注或者尾注的引用符号。

  c. 应用更改:可以选择整篇文档或者本节。

  d. 设置完成:需单击"插入"按钮,然后输入需要插入的文本。

(2)题注

在 Word 中,会插入一些图片、表格、公式、图表等对象或者项目,对这些对象或者项目文件进行注解,需要插入题注。题注就是为这些对象或者项目添加名称或者编号,如:"图表 1"、"公式 2"等。

插入"题注"操作步骤如下。

步骤一:选择要插入"题注"的对象。

步骤二:单击"引用"功能区,选择"题注"工作组,单击"插入题注"按钮,打开"题注"对话框,如图 3-33 所示。

步骤三:添加完选项后,单击"确定"按钮。

图 3-32 "脚注和尾注"对话框   图 3-33 "题注"对话框

3.3.5 边框和底纹

在 Word 2010 的文档编辑过程中,可以为文字、段落以及页面添加边框和底纹,用来美化文档内容,使文档内容变得突出、醒目。

(1) 给文字或者段落添加边框

其操作过程如下。

步骤一：选择要添加边框的文字或者段落。

步骤二：单击"开始"功能区，选择"段落"工作组，单击"⊞"按钮的下拉菜单，选择"边框和底纹"，打开"边框和底纹"对话框，如图3-34所示。

图 3-34 "边框和底纹"对话框

步骤三：在"边框"选项卡中选择适合的"样式"、"颜色"和"线条"。

步骤四：在"应用于"的下拉菜单中选择"文字"或者"段落"。

步骤五：单击"确定"按钮，完成边框的添加，为段落添加效果如图3-35所示。

> 有效教学不仅仅要让学生学到有利于自己发展的知识、技能，获得影响今后发展的价值观念和学习方法，而且要注意让教师在课堂里拥有创设学习情境的主动权，能充分根据自己的个性、学生与社会发展的需求来发展自己的教学个性，这是教学有效性需达到的目的。

图 3-35 为段落添加蓝色边框效果

(2) 为文字或者段落添加底纹

其操作过程如下。

步骤一：选择要添加底纹的文字或者段落。

步骤二：单击"开始"功能区，选择"段落"工作组，单击"△"按钮的下拉菜单，直接设置底纹颜色；或者选择边框下拉菜单的"边框和底纹"，打开"边框和底纹"对话框中的"底纹"选项卡，如图3-36所示。

步骤三：在"底纹"选项卡中，选择适合的填充颜色，或者图案样式以及颜色的选择。

步骤四：在"应用于"的下拉菜单中选择"文字"或者"段落"。

步骤五：单击"确定"按钮，完成底纹的添加，为文字添加效果如图3-37所示。

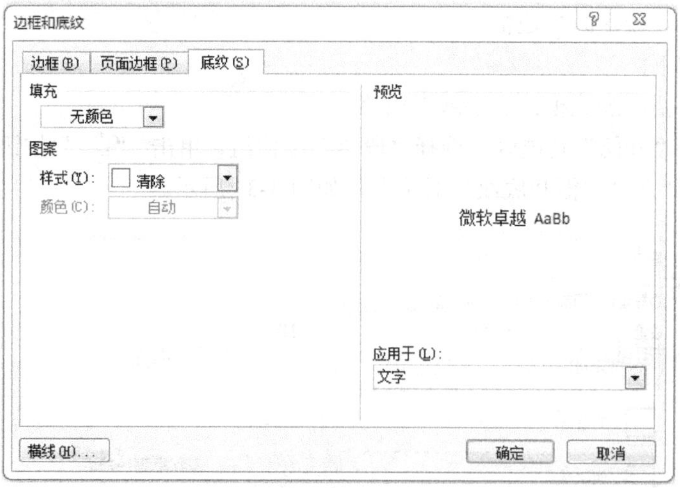

图 3-36 "底纹"选项卡

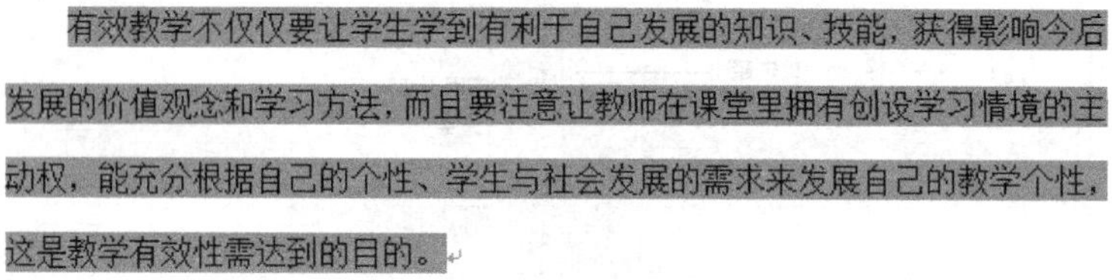

图 3-37 为文字添加"底纹"的效果

（3）为文档添加页面边框

为了使文档变得更加美观，在编辑文档过程中，可以为页面添加普通的页面边框和各种艺术性的页面边框。

添加页面边框的操作步骤如下。

步骤一：单击"开始"功能区，选择"段落"工作组，单击" "按钮的下拉菜单，选择"边框和底纹"，打开"边框和底纹"对话框，选择"页面边框"选项卡或者单击"页面布局"功能区，选择"页面背景"工作组，单击"页面边框"打开"边框和底纹"对话框中的"页面边框"选项卡，如图 3-38 所示。

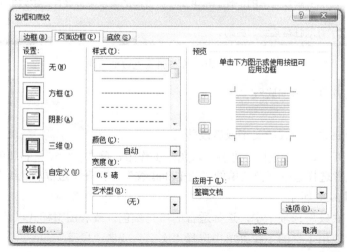

图 3-38 "页面边框"选项卡

步骤二：将“应用于”选择“整篇文档”，选择适合的样式或者艺术型边框。

步骤三：单击“确定”按钮，完成页面边框的添加。为页面添加“艺术型页面边框”的效果如图 3-39 所示。

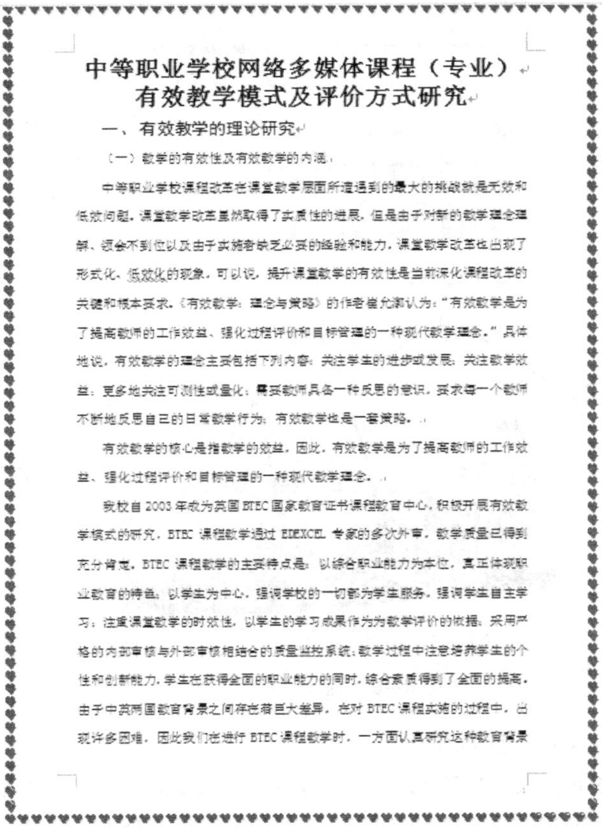

中等职业学校网络多媒体课程（专业）
有效教学模式及评价方式研究

一、有效教学的理论研究

（一）教学的有效性及有效教学的内涵

中等职业学校课程改革在课堂教学层面所遭遇到的最大的挑战就是无效和低效问题。课堂教学改革虽然取得了实质性的进展，但是由于对新的教学理念理解、领会不到位以及由于实施者缺乏必要的经验和能力，课堂教学改革也出现了形式化、低效化的现象。可以说，提升课堂教学的有效性是当前深化课程改革的关键和根本要求。《有效教学：理念与策略》的作者崔允漷认为：“有效教学是为了提高教师的工作效益、强化过程评价和目标管理的一种现代教学理念。”具体地说，有效教学的理念主要包括下列内容：关注学生的进步或发展；关注教学效益；更多地关注可测性或量化；需要教师具备一种反思的意识，要求每一个教师不断地反思自己的日常教学行为；有效教学也是一套策略。

有效教学的核心是指教学的效益。因此，有效教学是为了提高教师的工作效益、强化过程评价和目标管理的一种现代教学理念。

我校自 2003 年成为英国 BTEC 国家教育证书课程教育中心，积极开展有效教学模式的研究，BTEC 课程教学通过 EDEXCEL 专家的多次外审，教学质量已得到充分肯定。BTEC 课程教学的主要特点是：以综合职业能力为本位，真正体现职业教育的特色；以学生为中心，强调学校的一切都为学生服务，强调学生自主学习；注重课堂教学的时效性，以学生的学习成果作为为教学评价的依据；采用严格的内部审核与外部审核相结合的质量监控系统；教学过程中注意培养学生的个性和创新能力，学生在获得全面的职业能力的同时，综合素质得到了全面的提高。由于中英两国教育背景之间存在着巨大差异，在对 BTEC 课程实施的过程中，出现许多困难，因此我们在进行 BTEC 课程教学时，一方面认真研究这种教育背景

图 3-39　为页面添加“艺术型页面边框”效果图

3.4　图文混排

如果整篇都是文字的文档会使阅读者感到单调，很快就会产生阅读疲劳。在 Word 文档中插入适当的图片会使文档更具感染力，俗话说：一图解千文！在平面媒体上，图形的表现既能够使文档更容易阅读，又便于读者理解内容。在 Word 的文字处理过程中，“图文混排”是一个非常重要的功能。

3.4.1　图形图片与剪贴画

在 Word 2010 文档中，支持的图形对象可以是：*.bmp、*.jpg、*.gif、*.wmf、*.tif、*.pic 等格式。Microsoft Office 也通过“剪贴画”库为用户提供了大量的图片。

（1）Word 2010 文档中丰富的图形图片样式

Word 2010 中新增了针对图形、图片、图表、艺术字、自动形状、文本框等对象的样式设置，样式包括了渐变效果、颜色、边框、形状和底纹等多种效果，可以帮助用户快速设置上述对象的格式。

例如，当在 Word 2010 文档窗口中插入一张图片，并单击选中该图片后，会自动打开"图片工具/格式"功能区。在"格式"功能区的"图片样式"分组中，可以使用预置的样式快速设置图片的格式。值得一提的是，当鼠标指针悬停在一个图片样式上方时，Word 2010 文档中的图片会即时预览实际效果，如图 3-40 所示。

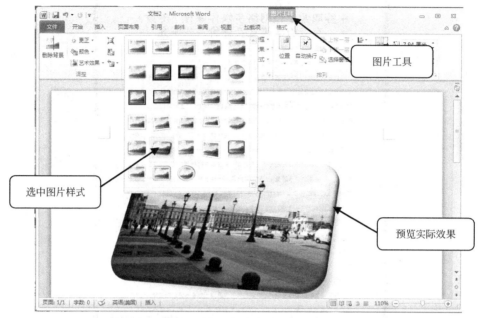

图 3-40　选中"图片样式"

（2）在 Word 2010 文档中插入图片

很多时候，在排版时需要"图"与"文"相结合，文字有了，却没有合适的图形图片，这时可以利用 Word 的图形插入，或者手动绘制自己所需要的图形图片。

用户可以将多种格式的图片插入到 Word 2010 中，从而创建出图文并茂的 Word 文档。

操作步骤如下。

步骤一：打开 Word 2010 文档窗口，在"插入"功能区的"插图"分组中单击"图片"按钮，如图 3-41 所示。

图 3-41　"图片"按钮

步骤二：打开"插入图片"对话框，在"文件类型"编辑框中将列出最常见的图片格式。找到并选中需要插入到 Word 2010 文档中的图片，然后单击"插入"按钮即可，如图 3-42 所示。

图 3-42 "插入图片"对话框

（3）在 Word 2010 文档中裁剪图片

在 Word 2010 文档中，用户可以方便地对图片进行裁剪操作，以截取图片中最需要的部分。操作步骤如下。

步骤一：打开 Word 2010 文档窗口，首先将图片的环绕方式设置为非嵌入型。然后单击选中需要进行裁剪的图片。在"图片工具"功能区的"格式"选项卡中，单击"大小"分组中的"裁剪"按钮，如图 3-43 所示。

图 3-43 单击"裁剪"按钮

步骤二：图片周围出现 8 个方向的裁剪控制柄，用鼠标拖动控制柄将对图片进行相应方向的裁剪，同时可以拖动控制柄将图片复原，直至调整合适为止，如图 3-44 所示。

图 3-44　拖动控制柄裁剪图片

步骤三：将鼠标光标移出图片，则鼠标指针将呈剪刀形状。单击鼠标左键将确认裁剪，如果想恢复图片只能单击快速工具栏中的"撤销裁减图片"按钮，如图 3-45 所示。

图 3-45　确认裁剪图片

（4）在 Word 2010 文档中插入剪贴画

默认情况下，Word 2010 中的剪贴画不会全部显示出来，而需要用户使用相关的关键字进行搜索。用户可以在本地磁盘和 Office.com 网站中进行搜索，其中 Office.com 中提供了大量剪贴画，用户可以在联网状态下搜索并使用这些剪贴画。

操作步骤如下。

步骤一：打开 Word 2010 文档窗口，在"插入"功能区的"插图"分组中单击"剪贴画"按钮，如图 3-46 所示。

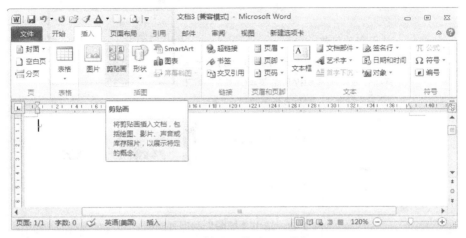

图 3-46　单击"剪贴画"按钮

步骤二：打开"剪贴画"任务窗格，在"搜索文字"编辑框中输入准备插入的剪贴画的关键字（例如"摄影"）。如果当前电脑处于联网状态，则可以选中"包括 Office.com 内容"复选框，如图 3-47 所示。

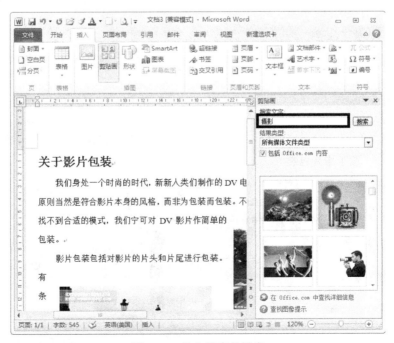

图 3-47　输入搜索关键字

步骤三：单击"结果类型"下拉三角按钮，在类型列表中仅选中"插图"复选框，如图 3-48 所示。

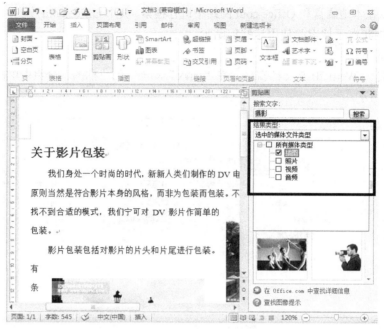

图 3-48　选中"插图"类型复选框

步骤四：完成搜索设置后，在"剪贴画"任务窗格中单击"搜索"按钮。如果被选中的收藏集中含有指定关键字的剪贴画，则会显示剪贴画搜索结果。单击合适的剪贴画，或单击剪贴画右侧的下拉三角按钮，并在打开的菜单中单击"插入"按钮，如图 3-49 所示。即可将该剪贴画插入到 Word 2010 文档中，如图 3-50 所示。

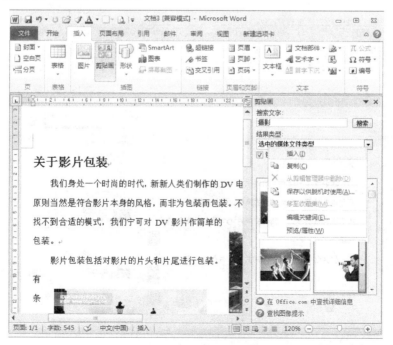

图 3-49　单击"插入"按钮

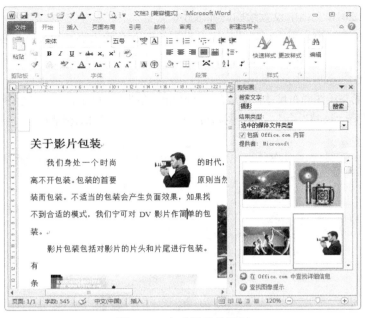

图 3-50　完成图片的插入

3.4.2　绘制图形

（1）在 Word 2010 文档中新建绘图画布

绘图画布相当于 Word 2010 文档页面中的一块画板，主要用于绘制各种图形和线条，并且可以设置独立于 Word 2010 文档页面的背景。在 Word 2010 中新建绘图画布的方法如下所述。

打开 Word 2010 文档窗口，切换到"插入"功能区。在"插图"分组中单击"形状"按钮，并在打开的形状菜单中选择"新建绘图画布"命令。绘图画布将根据页面大小自动被插入到 Word 2010 页面中，如图 3-51 所示。

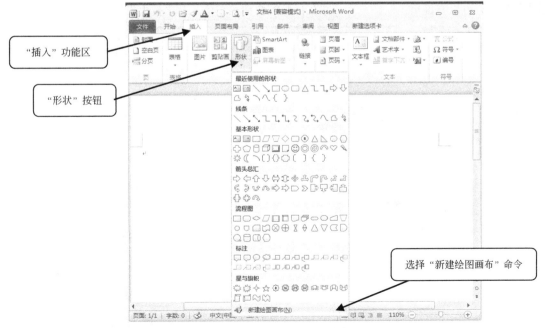

图 3-51　选择"新建绘图画布"命令

(2) 在 Word 2010 文档中设置绘图画布大小

在 Word 2010 文档中，用户可以根据需要设置绘图画布的大小。用户既可以根据绘图画布中的图形自动调整绘图画布的大小，也可以通过拖动控制柄手动调整绘图画布的大小。

① 自动调整

a. 如果用户希望绘图画布尺寸自动适合当前画布中的图形，可以右键单击绘图画布边框，并在打开的快捷菜单中选择"调整"命令，则绘图画布会根据其上的图形自动调整尺寸大小，如图 3-52 所示。

图 3-52 选择"调整"命令

b. 将绘图画布尺寸自动适应图形大小后，如果用户希望在绘图画布边缘和其中图形之间留有适当的空间，可以右键单击绘图画布，并在打开的快捷菜单中选择"扩大"命令，如图 3-53 所示。

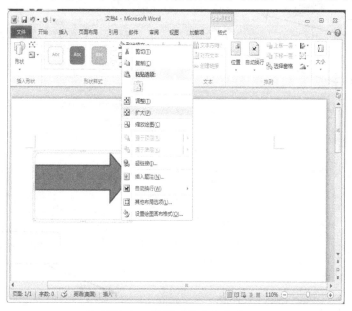

图 3-53 选择"扩大"命令

② 拖动控制柄。如果用户需要对绘图画布的尺寸进行更灵活的设置，则可以通过拖动控制柄来实现。单击绘图画布，将鼠标指针指向任意控制柄并拖动鼠标左键，以调整绘图画布的尺寸，如图 3-54 所示。

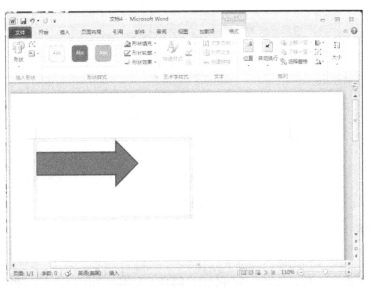

图 3-54　拖动控制柄调整绘图画布尺寸

③ 精确设置绘图画布尺寸。如果用户希望为绘图画布设置精确的尺寸大小，则可以在 Word 2010"设置绘图画布格式"对话框中进行，操作步骤如下。

步骤一：打开 Word 2010 文档窗口，右键单击绘图画布，在打开的快捷菜单中选择"设置绘图画布格式"命令，如图 3-55 所示。

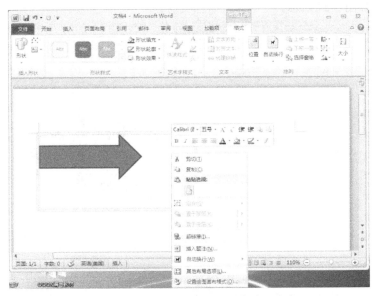

图 3-55　选择"设置绘图画布格式"命令

步骤二：打开"设置绘图画布格式"对话框，切换到"大小"选项卡。分别设置"高度"和"宽度"的绝对值，并单击"确定"按钮即可，如图 3-56 所示。

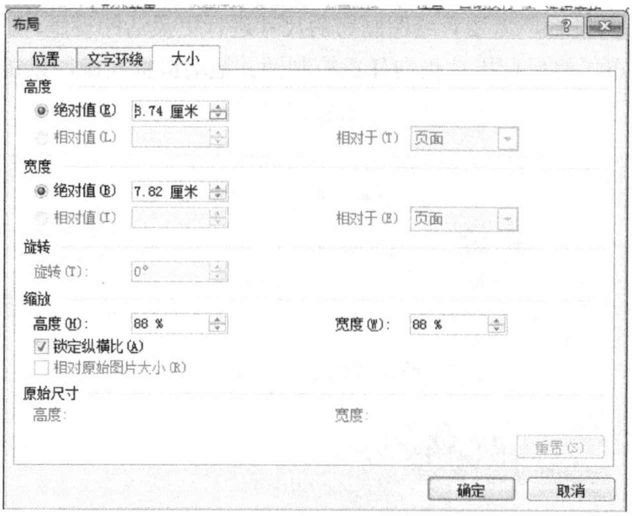

图 3-56　设置绘图画布高度和宽度数值

3.4.3　艺术字

（1）在 Word 2010 文档中插入艺术字

Office 中的艺术字（英文名称为 WordArt）结合了文本和图形的特点，能够使文本具有图形的某些属性，如设置旋转、三维、映像等效果，在 Word、Excel、PowerPoint 等 Office 组件中都可以使用艺术字功能。用户可以在 Word 2010 文档中插入艺术字。

操作步骤如下。

步骤一：打开 Word 2010 文档窗口，将插入点光标移动到准备插入艺术字的位置。在"插入"功能区中，单击"文本"分组中的"艺术字"按钮，并在打开的艺术字预设样式面板中选择合适的艺术字样式，如图 3-57 所示。

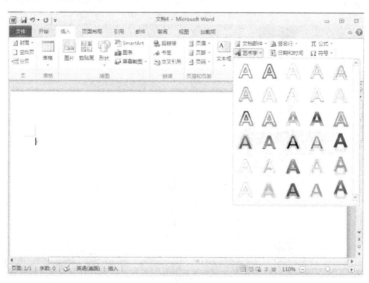

图 3-57　选择艺术字样式

步骤二：打开艺术字文字编辑框，直接输入艺术字文本即可。用户可以对输入的艺术字分别设置字体和字号，如图 3-58 所示。

图 3-58　编辑艺术字文本及格式

(2) 在 Word 2010 文档中旋转艺术字

① 如果需要任意角度原样旋转 Word 2010 文档中的艺术字,则必须借助旋转功能来实现。因为通过文字方向功能仅能实现针对文字的、普通排列意义上的 90°、180°和 270°旋转,无法整体原样旋转艺术字对象。

在 Word 2010 文档中旋转艺术字的步骤如下。

步骤一:打开 Word 2010 文档窗口,单击艺术字对象使其保持编辑状态(非选中文字状态)。

步骤二:在"绘图工具/格式"功能区中,单击"排列"分组中的"旋转"按钮。在打开的旋转方向列表中,用户可以选择"向右旋转 90°"、"向左旋转 90°"、"垂直翻转"和"水平翻转"四种比较常规的旋转方向,如图 3-59 所示。

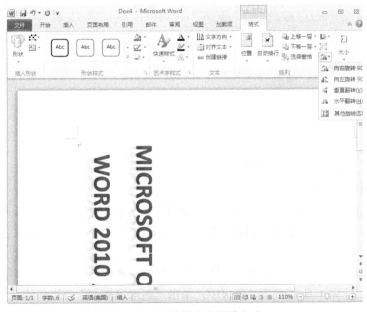

图 3-59　选择艺术字旋转方式

② 要实现艺术字任意角度的旋转，需要选择旋转方向列表中的"其他旋转选项"命令，打开"布局"对话框。在"大小"选项卡中调整"旋转"区域的旋转角度值，并单击"确定"按钮，如图 3-60 所示。返回 Word 2010 文档窗口，取消艺术字编辑状态即可实现任意角度的旋转，如图 3-61 所示。

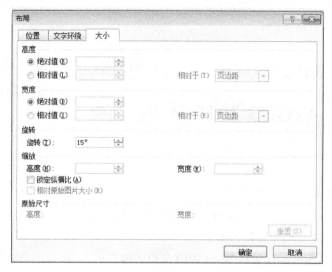

图 3-60　调整旋转角度数值

图 3-61　艺术字任意角度旋转效果

（3）在 Word 2010 文档中设置艺术字文字三维旋转

① 通过为 Word 2010 文档中的艺术字文字设置三维旋转，可以使艺术字呈现 3D 立体旋转效果，从而使得插入艺术字的 Word 文档表现力更加丰富多彩。设置艺术字文字三维旋转的操作步骤如下。

步骤一：打开 Word 2010 文档窗口，选中需要设置三维旋转的艺术字文字。

步骤二：在"绘图工具/格式"功能区中，单击"艺术字样式"分组中的"文本效果"按钮，如图 3-62 所示。

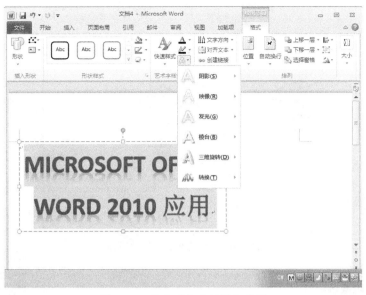

图 3-62　单击"文本效果"按钮

步骤三：打开文本效果菜单，指向"三维旋转"选项。在打开的三维旋转列表中，用户可以选择"平行"、"透视"和"倾斜"三种旋转类型，每种旋转类型又有多种样式可供选择。本例选择"平行"类型中的"等轴右上"样式，如图 3-63 所示。

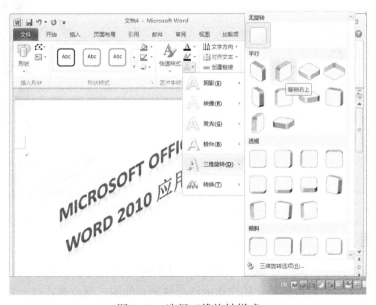

图 3-63　选择三维旋转样式

② 用户还可以对 Word 2010 艺术字文字三维旋转做进一步设置，在三维旋转列表中选择"三维旋转选项"命令，打开"设置文本效果格式"对话框。在"三维旋转"选项卡中，用户设置艺术字文字在 X、Y、Z 三个维度上的旋转角度，或者单击"重置"按钮恢复 Word 2010 的默认设置，如图 3-64 所示。完成艺术字文字三维旋转设置后单击"关闭"按钮即可，如图 3-65 所示。

图 3-64 "三维旋转"选项卡

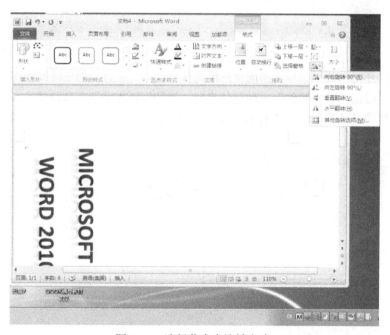

图 3-65 选择艺术字旋转方式

3.4.4 文本框

有时,用户需要在空白位置处加上一段文字,甚至想为这段文字填充底纹,以便和正文分隔,Word 2010 提供的文本框可以使选定的文本或图形移到页面的任意位置,进一步增强了图文混排的功能。

(1) 在 Word 2010 文档中插入文本框

通过使用文本框,用户可以将 Word 文本很方便地放置到 Word 2010 文档页面的指定位置,而不必受到段落格式、页面设置等因素的影响。Word 2010 内置有多种样式的文本框供用户选择使用,在 Word 2010 文档中插入文本框的操作步骤如下。

步骤一:打开 Word 2010 文档窗口,切换到"插入"功能区。在"文本"分组中单击"文本框"按钮,如图 3-66 所示。

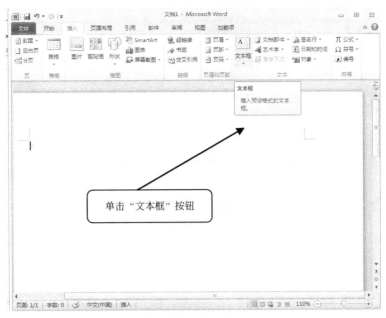

图 3-66 单击"文本框"按钮

步骤二：在打开的内置文本框面板中选择合适的文本框类型，如图 3-67 所示。

步骤三：返回 Word 2010 文档窗口，所插入的文本框处于编辑状态，直接输入用户的文本内容即可，如图 3-68 所示。

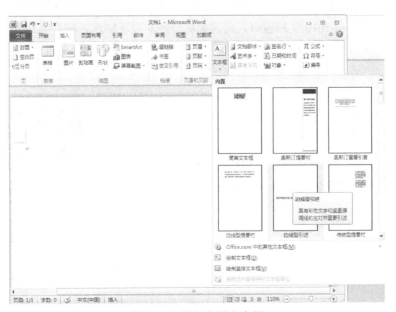

图 3-67 选择内置文本框

（2）在 Word 2010 文档中绘制文本框

尽管 Word 2010 中内置有多种样式的文本框，但这些文本框可能并不适合用户的实际需求。或者内置的文本框由于含有太多的格式而使用户不方便使用。用户可以在 Word 2010 文档中绘制文本框，操作步骤如下。

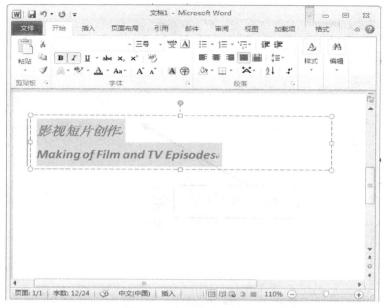

图 3-68　输入文本框内容

步骤一：打开 Word 2010 文档窗口，切换到"插入"功能区。在"文本"分组中单击"文本框"按钮。

步骤二：在打开的文本框菜单中选择"绘制文本框"命令，如图 3-69 所示。

步骤三：返回 Word 2010 文档窗口，此时光标已经变成十字形光标。拖动鼠标左键绘制文本框即可，如图 3-70 所示。

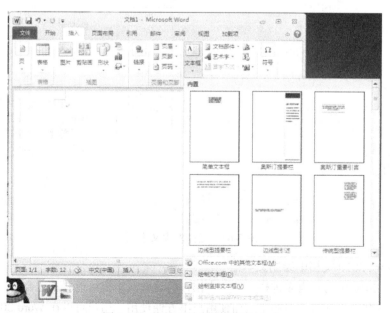

图 3-69　选择"绘制文本框"命令

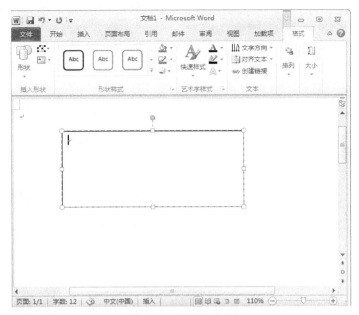

图 3-70　绘制文本框

（3）在 Word 2010 文档中设置文本框大小

用户可以设置文本框的大小，使其符合用户的实际需要。用户既可以在"布局"对话框中设置文本框大小，也可以在"绘图工具/格式"功能区中设置文本框大小。

① 在 Word 2010 文档窗口中插入文本框或绘制文本框后，会自动打开"格式"功能区。在"大小"分组中可以设置文本框的高度和宽度，如图 3-71 所示。

图 3-71　设置文本框高度和宽度

② 用户也可以在"布局"对话框中设置文本框的大小，操作步骤如下。

步骤一：在 Word 2010 文档窗口中插入文本框或绘制文本框后，右键单击文本框的边框，在打开的快捷菜单中选择"其他布局选项"命令，如图 3-72 所示。

图 3-72 选择"设置文本框格式"命令

步骤二:打开"布局"对话框,切换到"大小"选项卡。在"高度"和"宽度"绝对值编辑框中分别输入具体数值,以设置文本框的大小,最后单击"确定"按钮,如图 3-73 所示。

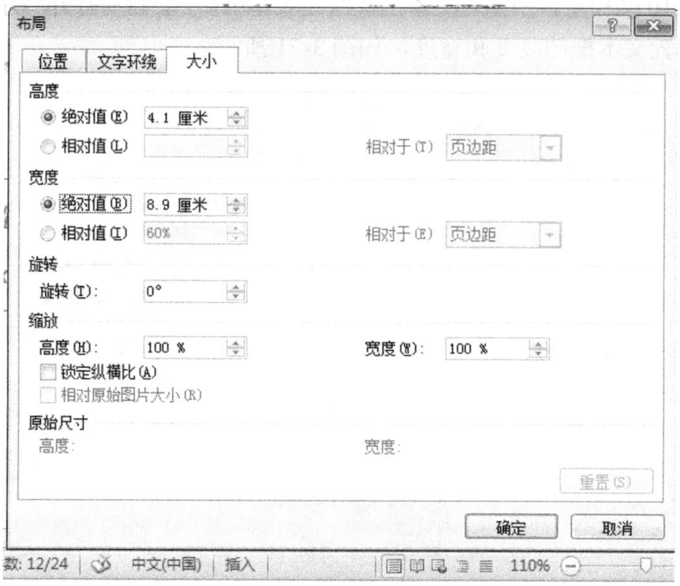

图 3-73 "布局"对话框

(4) 在 Word 2010 文档中设置文本框边框

用户可以根据实际需要为 Word 2010 文档中的文本框设置边框样式,或设置为无边框,操作步骤如下。

步骤一:打开 Word 2010 文档窗口,单击选中文本框。在打开的"格式"功能区中单击"形状样式"分组中的"形状轮廓"按钮,如图 3-74 所示。

图 3-74　单击"形状轮廓"按钮

步骤二：打开形状轮廓面板，在"主题颜色"和"标准色"区域可以设置文本框的边框颜色；选择"无轮廓"命令可以取消文本框的边框；将鼠标指向"粗细"选项，在打开的下一级菜单中可以选择文本框的边框宽度；将鼠标指向"虚线"选项，在打开的下一级菜单中可以选择文本框虚线边框形状，如图 3-75 所示。

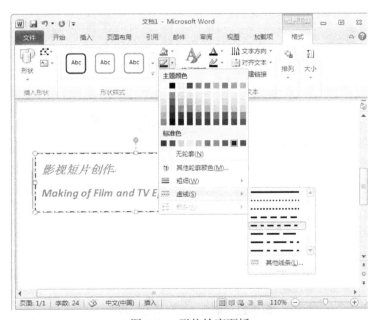

图 3-75　形状轮廓面板

步骤三：返回 Word 2010 文档窗口，用户可以查看重新设置了边框的文本框，如图 3-76 所示。

图 3-76　重新设置边框的文本框

（5）在 Word 2010 文档中设置文本框填充效果

① 在 Word 2010 文档中，用户可以根据文档需要为文本框设置纯颜色填充、渐变颜色填充、图片填充或纹理填充，使文本框更具表现力。在 Word 2010 文档中设置文本框填充效果的步骤如下。

步骤一：打开 Word 2010 文档窗口，单击文本框并切换到"绘图工具/格式"功能区。单击"形状样式"分组中的"形状填充"按钮，如图 3-77 所示。

图 3-77　单击"形状填充"按钮

步骤二：打开形状填充面板，在"主题颜色"和"标准色"区域可以设置文本框的填充颜色。单击"其他填充颜色"按钮可以在打开的"颜色"对话框中选择更多的填充颜色，如图 3-78 所示。

图 3-78　选择文本框填充颜色

② 如果希望为文本框填充渐变颜色，可以在形状填充面板中将鼠标指向"渐变"选项，并在打开的下一级菜单中选择"其他渐变"命令，如图 3-79 所示。

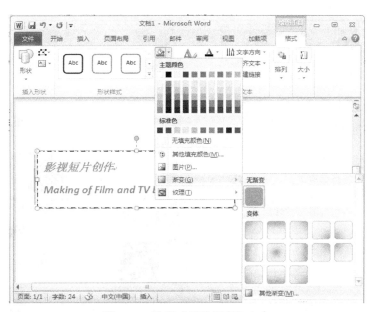

图 3-79　选择"其他渐变"命令

打开"设置形状格式"对话框，并自动切换到"填充"选项卡。选中"渐变填充"单选框，用户可以选择"预设颜色"、"渐变类型"、"渐变方向"和"渐变角度"，并且用户还可以自定义渐变颜色。设置完毕单击"关闭"按钮即可，如图 3-80 所示。

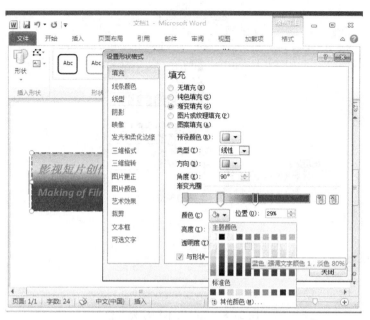

图 3-80 "填充"选项卡

③ 如果用户希望为文本框设置纹理填充,可以在"填充"选项卡中选中"图片或纹理填充"单选框。然后单击"纹理"下拉三角按钮,在纹理列表中选择合适的纹理,如图 3-81 所示。

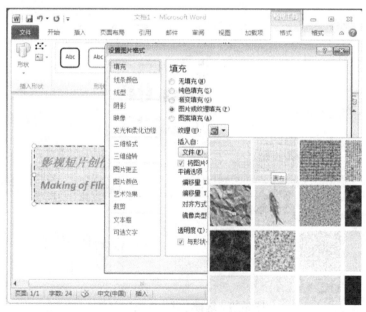

图 3-81 选择纹理填充

④ 用户还可以为文本框设置图片填充效果,在"填充"选项卡中选中"图片或纹理填充"单选框,单击"文件"按钮。找到并选中合适的图片,返回"填充"选项卡后单击"关闭"按钮即可,如图 3-82 所示。

图 3-82　选择图片填充

3.4.5　图文混排

（1）设置 Word 2010 自选图形的文字环绕

在 Word 2010 文档中，通过为自选图形设置文字环绕方式，可以使文字更合理地环绕在自选图形周围，从而使图文混排的文档更加规范、美观和经济。在 Word 2010 文档中设置自选图形文字环绕。

操作步骤如下。

步骤一：打开 Word 2010 文档窗口，单击选中需要设置文字环绕方式的自选图形。

步骤二：在自动打开的"绘图工具/格式"功能区中，单击"排列"分组中的"位置"按钮，并在打开的菜单中选择合适的文字环绕方式，如图 3-83 所示。

图 3-83　选择合适的文字环绕方式

步骤三：打开 Word 2010 文档窗口，右键单击准备设置文字环绕方式的自选图形，并在打开的快捷菜单中选择"设置自选图形格式"命令，如图 3-84 所示。

图 3-84　选择"设置自选图形格式"命令

步骤四：在打开的 Word 2010"设置自选图形格式"对话框中，切换到"版式"选项卡。在"环绕方式"区域选择合适的文字环绕方式，如图 3-85 所示，并单击"确定"按钮即可。

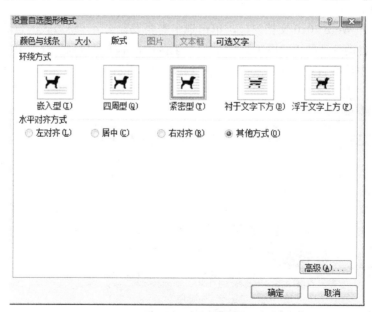

图 3-85　选择合适的文字环绕方式

（2）在 Word 2010 文档中巧用表格混排图文

在 Word 中将图片和文字混合编排，还要整齐美观，似乎不是件容易的事。用普通方法编排图片和文字也只能做一些很简单的编辑，所以掌握图文混排的技巧就很有必要了。

① 利用表格

a．首先在 Word 文档中插入一个 2 行 2 列的表格。进入"插入"选项卡，单击"表格"按钮，在弹出的下拉框中选择"插入表格"命令，如图 3-86 所示。

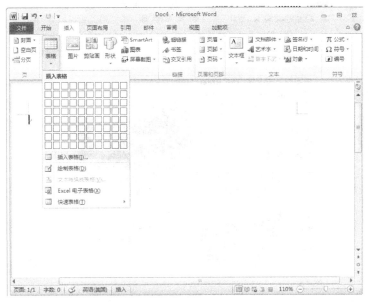

图 3-86　选择"插入表格"命令

b．在弹出的"插入表格"对话框中，设置"列数"为"2"，"行数"为"2"，最后单击"确定"按钮，如图 3-87 所示。

c．这样就插入了一个 2 行 2 列的表格，选中表格，将光标移至表格的右下角，当光标变成倾斜的双向箭头时则可以拖动鼠标来调整表格大小，如图 3-88 所示。

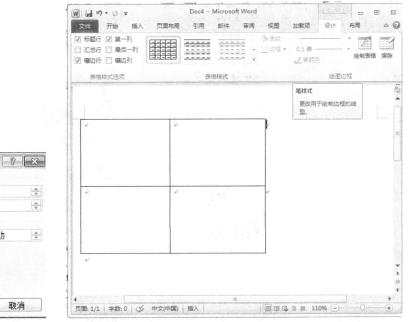

图 3-87　输入"列数"与"行数"　　　　图 3-88　调整后的表格

d. 在相应的表格中分别输入文字和图片，并对文字图片进行相应的调整。如图 3-89 所示。

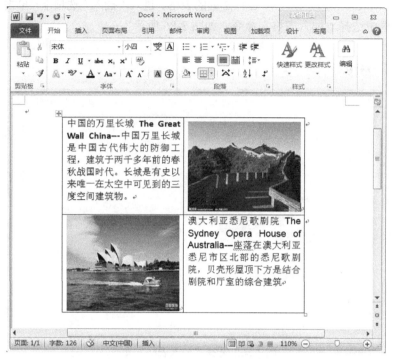

图 3-89　输入文字和图片

e. 单击鼠标右键，在弹出的下拉列表中选择"边框和底纹"命令，如图 3-90 所示。

图 3-90　选择"边框和底纹"命令

f. 在弹出的"边框和底纹"对话框中，选择"边框"选项卡中选择"无"选项。最后单击"确定"按钮,如图 3-91 所示。

图 3-91 选择"无"选项

g. 可以看到,Word 中的表格边框就消失了,图文混合编排就完成了,如图 3-92 所示。

图 3-92 利用表格实现图文混排

② 利用文本框

a. 下面以将文字图片交叉错落编辑成两排为例。选择"插入/文本/文本框"命令。在弹出的下拉框中选择一种文本框类型,这里选择"简单文本框",如图 3-93 所示。

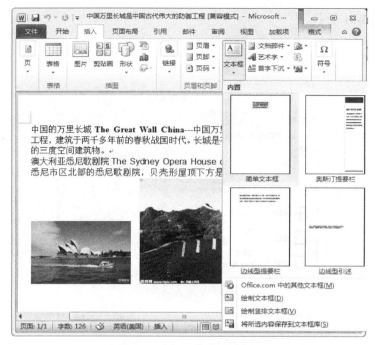

图 3-93 选择"简单文本框"

b. 在 Word 文档中出现了文本框，将文本框移到合适的位置。选中文本框中的文字，单击键盘上的"Delete"键删除文本框中的默认文字，拖动文本框边框上的点将文本框调整到合适的大小，如图 3-94 所示。

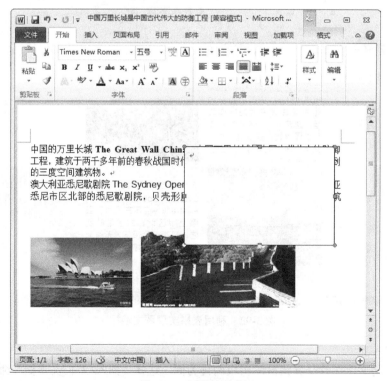

图 3-94 调整文本框

c. 选择一种图片，将图片拖到文本框中。选中图片，拖动图片上的点可以对图片进行调整。如果想移动图片的位置，选中图片外面的文本框，拖动文本框的时候就可以一起移动文本框中的图片了，如图 3-95 所示。

图 3-95　将图片拖到文本框中

d. 以上述相同的方法将另外一张图片也添加到文本框中，并将图片和文字调整到合适的位置即可，如图 3-96 所示。

图 3-96　利用文本框实现图文混排

（3）在 Word 2010 文档中制作图文混排实例

图文混排，相信熟悉 Word 的朋友肯定不会对这个词语感到陌生。图文混排应用到各个领域，最为常见的是一些杂志、报刊、海报等。图文混排，重点是这个"混"字，合理的对图片进行版式布局，能够为文档增色不少。下面就利用表格制作一篇精美的柏林电影节的海报，如图 3-97 所示。

图 3-97　电影节海报

操作步骤如下。

步骤一：启动 Word 2010 文档，设置版面为横向并制作一个 5 行 6 列的表格，适当调整行高和列宽，如图 3-98 所示。

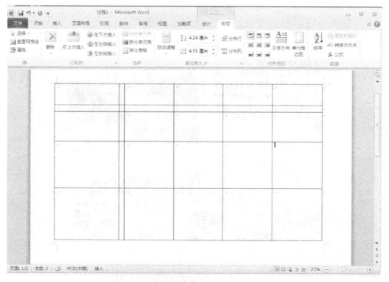

图 3-98　制作表格

步骤二：合并单元格，并插入文字与图片。
步骤三：调整文字与图片的位置并适当加以修饰，完成整体海报的设计，如图 3-99 所示。

图 3-99　插入文字与图片

3.5　表　　格

在 Word 文档中，表格是用来组织比较规范信息的工具。在文档中适时插入按行或按列放置的文字、图形等信息，可使文档版面具有文字简洁、数据一目了然的效果。同时还可以对表格进行格式设计和外观美化，使表格表述的数据不仅整齐清晰、整体性强，而且令人赏心悦目。

表格是由行和列组成，行和列交叉的空间叫单元格。每一单元格都可有包含自己的内容，如文本、图片、公式，甚至可以再次嵌入另外的表格。

3.5.1　创建表格

（1）在 Word 2010 文档中快速插入表格

在 Word 2010 文档中，用户可以通过多种方式插入表格。本文介绍在表格列表中快速插入表格的方法。操作步骤如下。

步骤一：打开 Word 2010 文档窗口，切换到"插入"功能区。在"表格"分组中单击"表格"按钮，如图 3-100 所示。

步骤二：在打开的表格列表中，拖动鼠标选中合适数量的行和列插入表格。通过这种方式插入的表格会占满当前页面的全部宽度，用户可以通过修改表格属性设置表格的尺寸，如图 3-101 所示。

（2）在 Word 2010 文档中使用"插入表格"对话框插入表格

在 Word 2010 文档中，用户可以使用"插入表格"对话框插入指定行列的表格，并可以设置所插入表格的列宽，操作步骤如下。

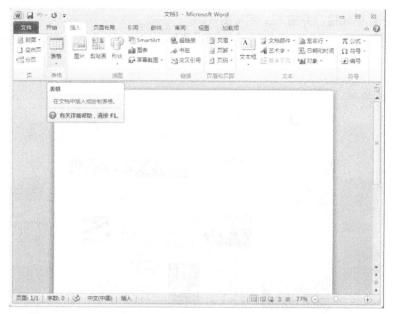

图 3-100　单击"表格"按钮

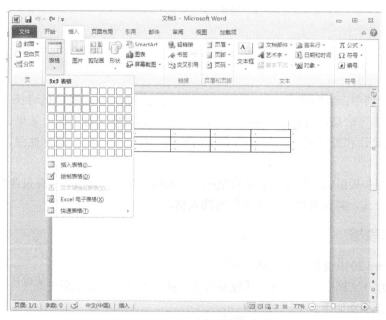

图 3-101　选择行和列插入表格

步骤一：打开 Word 2010 文档窗口，切换到"插入"功能区。在"表格"分组中单击"表格"按钮，并在打开表格菜单中选择"插入表格"命令，如图 3-102 所示。

步骤二：打开"插入表格"对话框，在"表格尺寸"区域分别设置表格的行数和列数。在"'自动调整'操作"区域如果选中"固定列宽"单选框，则可以设置表格的固定列宽尺寸；如果选中"根据内容调整表格"单选框，则单元格宽度会根据输入的内容自动调整；如果选中"根据窗口调整表格"单选框，则所插入的表格将充满当前页面的宽度。选中"为新表格记忆此尺寸"复选框，则再次创建表格时将使用当前尺寸。设置完毕单击"确定"按钮即可，如图 3-103 所示。

图 3-102　选择"插入表格"命令　　　　　图 3-103　"插入表格"对话框

（3）在 Word 2010 文档中绘制表格

在 Word 2010 中，用户不仅可以通过指定行和列插入表格，还可以通过绘制表格功能自定义插入需要的表格，操作步骤如下。

步骤一：打开 Word 2010 文档窗口，切换到"插入"功能区。在"表格"分组中单击"表格"按钮，并在打开的表格菜单中选择"绘制表格"命令，如图 3-104 所示。

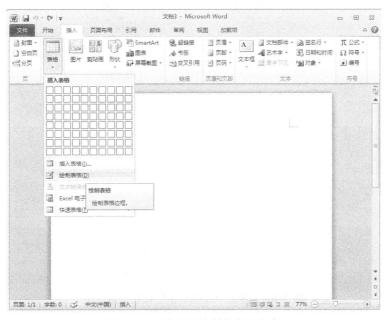

图 3-104　选择"绘制表格"命令

步骤二：鼠标指针呈现铅笔形状，在 Word 文档中拖动鼠标左键绘制表格边框。然后在适当的位置绘制行和列，如图 3-105 所示。

图 3-105　绘制表格

步骤三：完成表格的绘制后，按下键盘上的 ESC 键，或者在"表格工具"功能区的"设计"选项卡中，单击"绘图边框"分组中的"绘制表格"按钮结束表格绘制状态，如图 3-106 所示。

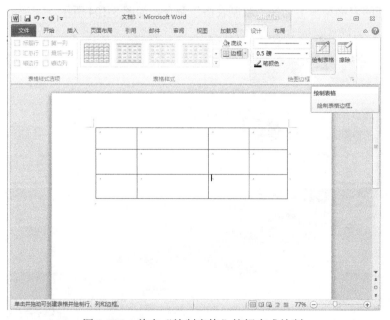

图 3-106　单击"绘制表格"按钮完成绘制

步骤四：如果在绘制或设置表格的过程中需要删除某行或某列，可以在"表格工具"功能区的"设计"选项卡中单击"绘图边框"分组中的"擦除"按钮。鼠标指针呈现橡皮擦形状，在特定的行或列线条上拖动鼠标左键即可删除该行或该列。在键盘上按下 ESC 键取消擦除状态，如图 3-107 所示。

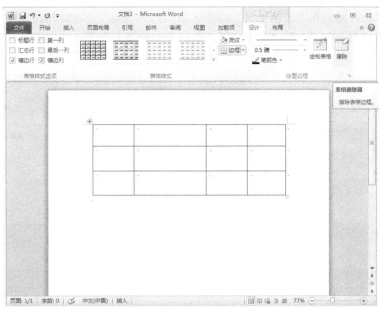

图 3-107　擦除表格

3.5.2　编辑表格

（1）在 Word 2010 文档表格中插入行或列

在 Word 2010 文档表格中，用户可以根据实际需要插入行或者列。

① 在准备插入行或者列的相邻单元格中单击鼠标右键，然后在打开的快捷菜单中指向"插入"命令，并在打开的下一级菜单中选择"在左侧插入列"、"在右侧插入列"、"在上方插入行"或"在下方插入行"命令，如图 3-108 所示。

图 3-108　选择插入行或插入列命令

② 用户还可以在"表格工具"功能区进行插入行或插入列的操作。在准备插入行或列的相邻

单元格中单击鼠标,然后在"表格工具"功能区切换到"布局"选项卡。在"行和列"分组中根据实际需要单击"在上方插入"、"在下方插入"、"在左侧插入"或"在右侧插入"按钮插入行或列,如图 3-109 所示。

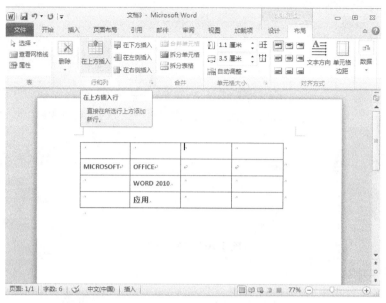

图 3-109　单击插入行或插入列按钮

(2) 在 Word 2010 文档表格中合并单元格

在 Word 2010 中,可以将表格中两个或两个以上的单元格合并成一个单元格,以便使制作出的表格更符合要求。

方法一:打开 Word 2010 文档页面,选择表格中需要合并的两个或两个以上的单元格,右键单击被选中的单元格,选择"合并单元格"菜单命令即可,如图 3-110 所示。

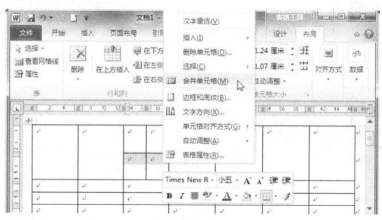

图 3-110　选择"合并单元格"菜单命令

方法二:打开 Word 2010 文档,选择表格中需要合并的两个或两个以上的单元格,单击"布局"选项卡,在"合并"组中即可,如图 3-111 所示。

方法三:打开 Word 2010 文档,在表格中单击任意单元格,单击"设计"选项卡,如图 3-112 所示。在"绘图边框"组中单击"擦除"按钮,如图 3-113 所示指针变成橡皮擦形状。

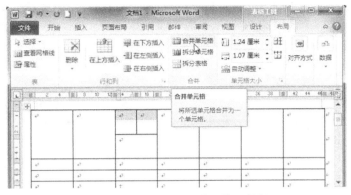

图 3-111　单击"合并单元格"按钮

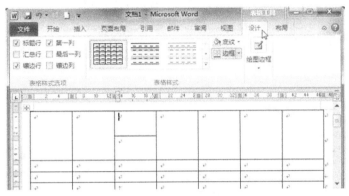

图 3-112　单击"设计"选项卡

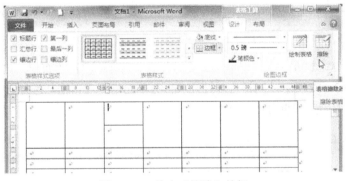

图 3-113　单击"擦除"按钮

在表格线上拖动鼠标左键即可擦除线条，将两个单元格合并，如图 3-114 所示。按 ESC 键或再次单击"擦除"按钮取消擦除状态。

(3) 在 Word 2010 文档表格中拆分单元格

可以根据需要将 Word 2010 中表格的一个单元格拆分成两个或多个单元格，从而制作较为复杂的表格。

方法一：打开 Word 2010 文档，右键单击需要拆分的单元格。在打开的菜单中选择"拆分单元格"命令。如图 3-115 所示。

打开"拆分单元格"对话框，分别设置需要拆分成的"列数"和"行数"，如图 3-116 所示。单击"确定"按钮完成拆分。

图 3-114 用"擦除"按钮合并单元格

图 3-115 选择"拆分单元格"命令

图 3-116 设置行列数

方法二：打开 Word 2010 文档，单击需要拆分的单元格，单击"布局"选项卡中的"拆分单元格"按钮，如图 3-117 所示。同样可以打开"拆分单元格"对话框，进行"列数"和"行数"的设置。图 3-118 即为完成拆分的单元格。

图 3-117 单击"拆分单元格"按钮

图 3-118　完成拆分的单元格

3.5.3　格式化表格

（1）行高和列宽

在 Word 2010 文档表格中，如果用户需要精确设置行的高度和列的高度，可以在"表格工具"功能区设置精确数值，操作步骤如下。

步骤一：打开 Word 2010 文档窗口，在表格中选中需要设置高度的行或需要设置宽度的列。

步骤二：在"表格工具"功能区中切换到"布局"选项卡，在"单元格大小"分组中调整"表格行高"数值或"表格列宽"数值，以设置表格行的高度或列的宽度，如图 3-119 所示。

图 3-119　设置表格行的高度

（2）表格自动编号

在 Word 中插入表格，通常会在表格中加入编号，下面介绍自动编号的方法。

操作步骤如下。

步骤一：打开 Word 2010 表格文档，把鼠标定位在第一单元格。

步骤二：在"开始"功能栏中的"段落"组里选择"编号库"按钮，如图 3-120 所示。

图 3-120　选择"编号库"按钮

步骤三：选择"剪贴板"中的格式刷。然后在第二个单元格处按住鼠标左键向下拖动，直到最后一个单元格出现，松开鼠标，此列就插入自动编号，如图 3-121 所示。

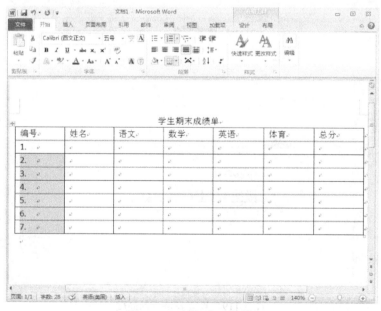

图 3-121　插入自动编号

（3）边框和底纹

在 Word 2010 文档中，用户不仅可以在"表格工具"功能区设置表格边框，还可以在"边框和底纹"对话框设置表格边框,操作步骤如下。

步骤一:打开 Word 2010 文档窗口,在 Word 表格中选中需要设置边框的单元格或整个表格。在"表格工具"功能区切换到"设计"选项卡,然后在"表格样式"分组中单击"边框"下拉三角按钮,并在边框菜单中选择"边框和底纹"命令,如图 3-122 所示。

图 3-122 选择"边框和底纹"命令

步骤二:在打开的"边框和底纹"对话框中切换到"边框"选项卡,在"设置"区域选择边框显示位置。

步骤三:在"样式"列表中选择边框的样式(例如双横线、点线等样式);在"颜色"下拉菜单中选择边框使用的颜色;单击"宽度"下拉三角按钮选择边框的宽度尺寸。在"预览"区域,可以通过单击某个方向的边框按钮来确定是否显示该边框。设置完毕单击"确定"按钮,如图 3-123 所示。

图 3-123 "边框和底纹"对话框

(4) 制作斜线表头

在 Word 文档中，经常需要给表格绘制斜线表头，而在 Word 2010 中没有"斜线表头"命令，要想添加斜线表头，可以应用"斜下框线"命令和对表格的"边框和底纹"对话框进行设置。

方法一：将光标定位到需要添加斜线表头的单元格内，这里定位到首行第一个单元格中。选择"开始"选项卡，在"段落"选项组中选择"框线"下拉列表中的"斜下框线"命令，如图 3-124 所示。选择的单元格内就添加了斜线表头，如图 3-125 所示。

图 3-124 "斜下框线"命令

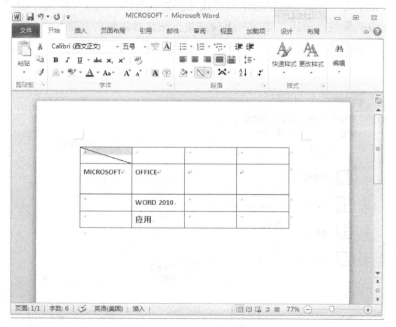

图 3-125 添加了斜线表头

方法二:将光标定位到需要添加斜线表头的单元格内,这里定位到首行第一个单元格中。单击鼠标右键,在弹出的下拉框中选择"边框和底纹"命令,如图 3-126 所示。弹出"边框和底纹"对话框中,单击右侧的预览区右下角的按钮,在"应用于"的下拉框中选择"单元格"选项,如图 3-127 所示,最后单击"确定"按钮即可。

图 3-126 选择"边框和底纹"命令

图 3-127 "边框和底纹"对话框中设置斜线

3.5.4 表格数据处理

(1) 在 Word 2010 文档表格中对数据进行排序

对数据进行排序并非 Excel 表格的专利,在 Word 2010 中同样可以对表格中的数字、文字和日期数据进行排序操作,操作步骤如下。

步骤一:打开 Word 2010 文档窗口,在需要进行数据排序的 Word 表格中单击任意单元格。

在"表格工具"功能区切换到"布局"选项卡,并单击"数据"分组中的"排序"按钮,如图3-128所示。

图 3-128 单击"排序"按钮

步骤二:打开"排序"对话框,在"列表"区域选中"有标题行"单选框。如果选中"无标题行"单选框,则Word表格中的标题也会参与排序,如图3-129所示。

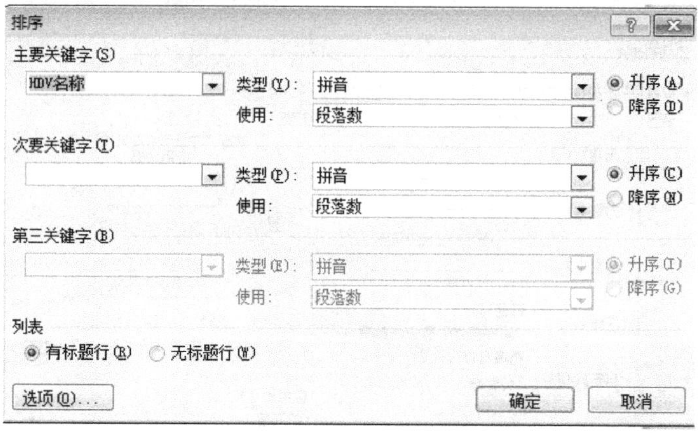

图 3-129 选中"有标题行"单选框

步骤三:在"主要关键字"区域,单击关键字下拉三角按钮选择排序依据的主要关键字。单击"类型"下拉三角按钮,在"类型"列表中选择"笔画"、"数字"、"日期"或"拼音"选项。如果参与排序的数据是文字,则可以选择"笔画"或"拼音"选项;如果参与排序的数据是日期类型,则可以选择"日期"选项;如果参与排序的只是数字,则可以选择"数字"选项。选中"升序"或"降序"单选框设置排序的顺序类型,如图3-130所示。

步骤四:在"次要关键字"和"第三关键字"区域进行相关设置,并单击"确定"按钮对Word表格数据进行排序,如图3-131所示。

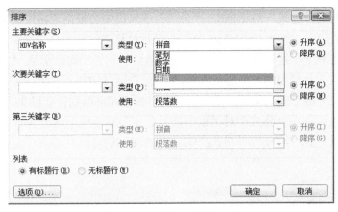

图 3-130　设置主要关键字

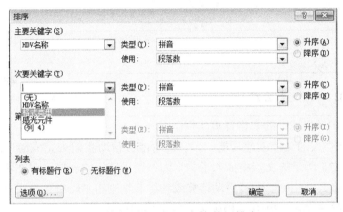

图 3-131　对 Word 表格数据排序

（2）在 Word 2010 文档表格中使用公式进行数学运算

在 Word 2010 文档中，用户可以借助 Word 2010 提供的数学公式运算功能对表格中的数据进行数学运算，包括加、减、乘、除以及求和、求平均值等常见运算。用户可以使用运算符号和 Word 2010 提供的函数进行上述运算。

操作步骤如下。

步骤一：打开 Word 2010 文档窗口，在准备参与数据计算的表格中单击计算结果单元格。在"表格工具"功能区的"布局"选项卡中，单击"数据"分组中的"公式"按钮，如图 3-132 所示。

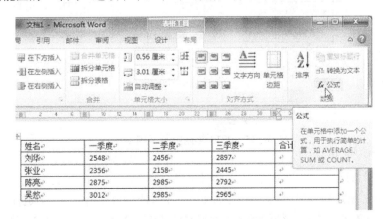

图 3-132　单击"公式"按钮

步骤二：在打开的"公式"对话框中，"公式"编辑框中会根据表格中的数据和当前单元格所在位置自动推荐一个公式，例如"=SUM(LEFT)"是指计算当前单元格左侧单元格的数据之和。用户可以单击"粘贴函数"下拉三角按钮选择合适的函数，例如平均数函数 AVERAGE、计数函数 COUNT 等。其中公式中括号内的参数包括四个，分别是左侧（LEFT）、右侧（RIGHT）、上面（ABOVE）和下面（BELOW）。完成公式的编辑后单击"确定"按钮即可得到计算结果，如图 3-133 所示。

小提示：用户还可以在"公式"对话框中的"公式"编辑框中编辑包含加、减、乘、除运算符号的公式，如编辑公式"=5*6"并单击"确定"按钮，则可以在当前单元格返回计算结果 30，如图 3-134 所示。

图 3-133　编辑函数公式

图 3-134　编辑运算公式

（3）在 Word 2010 文档中的表格计算实例

Word 具备非常强大的文档创建功能，但它是否能够帮助我们去完成简单的数据运算呢？

例如在如图 3-135 所示的文档中插入了关于图书销量统计的表格，现在希望计算出每个月份图书销量的总计，那么以往可以通过手动计算或者将其复制的 Excel 工作表里，去完成相应的工作。现在也可以直接在 Word 2010 文档中去完成这样的运算。

图 3-135　2013 年同类图书销量统计

操作步骤如下。

步骤一：选择总计单元格/布局/公式，此时可以看到 Word 非常智能的插入一个公式：SUM（ABOVE），即计算所选单元之上所有的数据总和，而系统会自动将"1 月"这样一个文本的单元格排除在外，此外还可以选择其他的函数，如绝对值 ABS、平均值 AVERAGE 等。公式设置完后，单击“确定”按钮。此时，1 月份的图书销售总计便显示在所选单元格内，即将此列数据进行一个汇总（如果需要创建很多的类似的公式，Word 2010 可以进行一个类似 Excel 的一个拖放的一个操作）。

步骤二：直接复制已经创建完成的一个公式，然后将其粘贴到其他的单元格中。

步骤三：选中所有的文档内容→单击鼠标右键→更新域→只更新页码--确定。现在看到所有的计数公式便创建完成了。如图 3-136 所示。

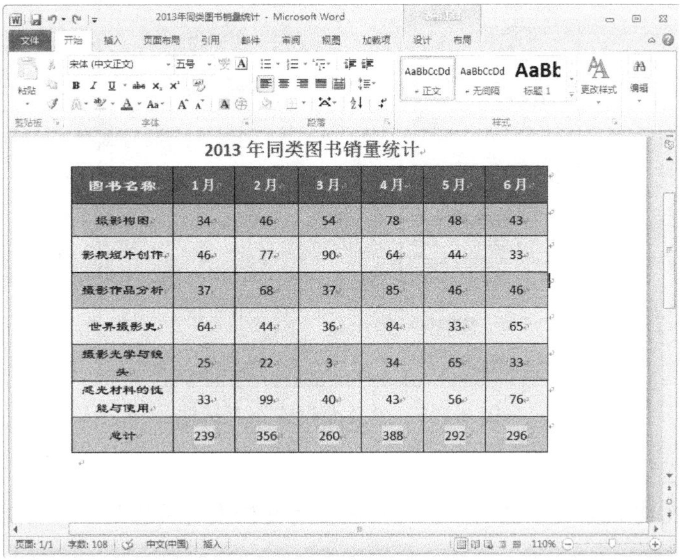

图书名称	1月	2月	3月	4月	5月	6月
摄影构图	34	46	54	78	48	43
影视短片创作	46	77	90	64	44	33
摄影作品分析	37	68	37	85	46	46
世界摄影史	64	44	36	84	33	65
摄影光学与镜头	25	22	3	34	65	33
感光材料的性能与使用	33	99	40	43	56	76
总计	239	356	260	388	292	296

图 3-136　销量统计结果

3.6　页面设置与打印

一篇设计精美的文档在打印输出之前，还需要对其页面格式做一些设置。页面格式设置涉及的项目较多，有页边距、纸张方向以及纸张大小的设置；页码、页眉和页脚的设置；水印、页面背景以及页面边框的设置；还有文档分节后的不同页面排版设置等。

3.6.1　页面的设置

（1）启动“页面布局”中“页面设置”组

操作步骤如下。

步骤一：打开编辑好的文档，切换到“页面布局”选项卡下，如图 3-137 所示。在“页面设置”组中可设置页面的文字方向、页边距、纸张方向、纸张大小及分栏等。

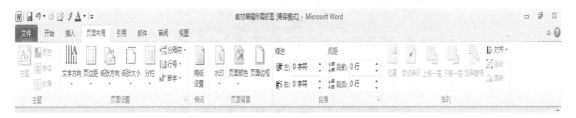

图 3-137　“页面布局”中“页面设置”组

步骤二：单击"页面设置"组右下角的对话框启动器" "，打开"页面设置"对话框，如图 3-138 所示。在对话框里可以精确设置页边距及自定义纸张大小等。

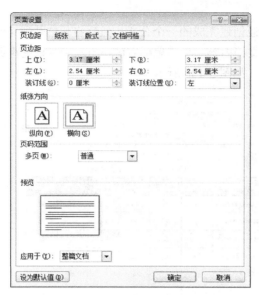

图 3-138 "页面设置"对话框

（2）页边距设置

在使用 Word 2010 编辑文档的时候，常常需要为文档设置页边距。下面介绍一下设置页边距的两种方法。

方法一：打开 Word 2010 文档，单击"页面布局"选项卡。在"页面设置"组中单击"页边距"按钮，如图 3-139 所示。在页边距列表中选择合适的页边距，如图 3-140 所示。

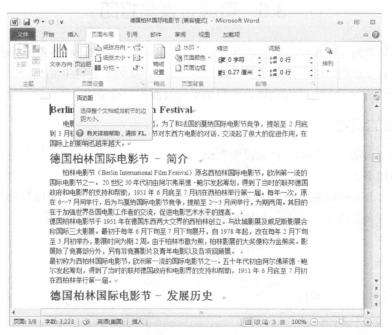

图 3-139 "页面设置"组中的"页边距"按钮

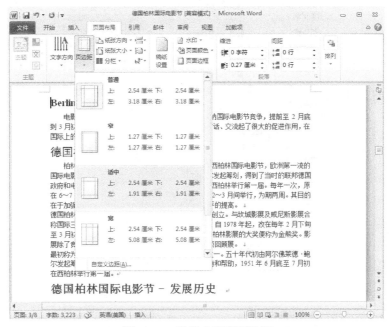

图 3-140　选择合适的页边距

方法二：打开 Word 2010 文档，单击"页面布局"选项卡。在"页面设置"中单击"页边距"按钮。在菜单中选择"自定义边距"命令，如图 3-141 所示。在"页面设置"对话框中单击"页边距"选项卡。在"页边距"区分别设置上、下、左、右数值，单击"确定"按钮即可，如图 3-142 所示。

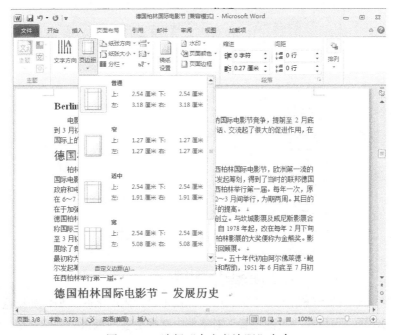

图 3-141　选择"自定义边距"命令

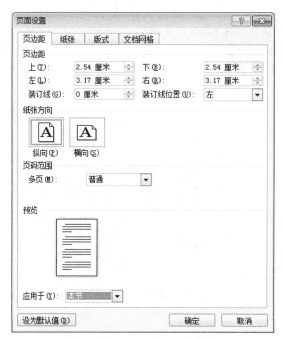

图 3-142　设置页边距数值

（3）在 Word 2010 文档中设置纸张大小

在 Word 2010 文档中可以非常方便地设置纸张大小，用户可以通过两种方式进行设置。

方式一：打开 Word 2010 文档窗口，切换到"页面布局"功能区。在"页面设置"分组中单击"纸张大小"按钮，并在打开的"纸张大小"列表中选择合适的纸张即可，如图 3-143 所示。

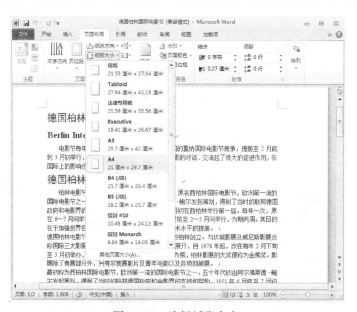

图 3-143　选择纸张大小

方式二：在方式一的"纸张大小"列表中只提供了最常用的纸张类型，如果这些纸张类型均不能满足用户的需求，可以在"页面设置"对话框中选择更多的纸张类型或自定义纸张大小，操作步骤如下：

步骤一：打开 Word 2010 文档窗口，切换到"页面布局"功能区。在"页面设置"分组中单击显示"页面设置"对话框按钮，如图 3-144 所示。

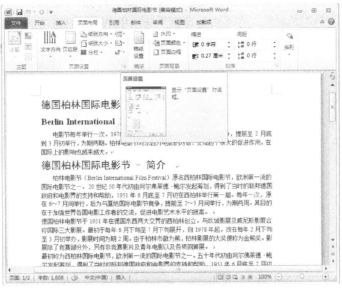

图 3-144　单击显示"页面设置"对话框按钮

步骤二：在打开的"页面设置"对话框中切换到"纸张"选项卡，在"纸张大小"区域单击"纸张大小"下拉三角按钮选择更多的纸张类型，或者自定义纸张尺寸，如图 3-145 所示。

步骤三：在"纸张来源"区域可以为 Word 文档的首页和其他页分别选择纸张的来源方式，这样使得 Word 文档首页可以使用不同于其他页的纸张类型（尽管这个功能并不常用）。单击"应用于"下拉三角按钮，在下拉列表中选择当前纸张设置的应用范围。默认作用于整篇文档。如果选择"插入点之后"，则当前纸张设置仅作用于插入点当前所在位置之后的页面。设置完毕单击"确定"按钮即可，如图 3-146 所示。

图 3-145　"纸张"选项卡

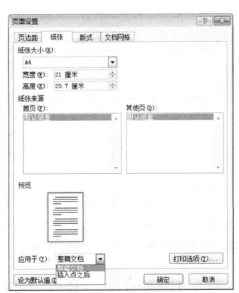
图 3-146　设置纸张来源和应用范围

（4）在 Word 2010 文档中设置纸张方向

在 Word 2010 文档中，纸张方向包括"纵向"和"横向"两种方向。用户可以根据页面版式要求选择合适的纸张方向。在 Word 2010 文档中设置纸张方向的方法为：打开 Word 2010 文档窗口，切换到"页面布局"功能区。在"页面设置"分组中单击"纸张方向"按钮，并在打开的纸张方向菜单选择"横向"或"纵向"类型的纸张，如图 3-147 所示。

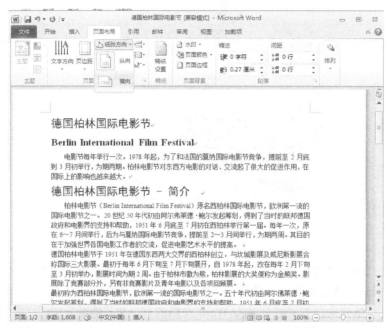

图 3-147　单击显示"页面设置"对话框按钮

3.6.2　页眉、页脚与页码

（1）启动"插入"中"页眉和页码"组

启动方法如下：打开编辑好的文档，切换到"插入"选项卡下，如图 3-148 所示。在"页眉和页脚"组中可插入页眉、页脚与页码。

图 3-148　"插入"中"页眉和页码"组

（2）在 Word 2010 文档中插入页眉和页脚

默认情况下，Word 2010 文档中的页眉和页脚均为空白内容，只有在页眉和页脚区域输入文本或插入页码等对象后，用户才能看到页眉或页脚。在 Word 2010 文档中编辑页眉和页脚的步骤如下。

步骤一：打开 Word 2010 文档窗口，切换到"插入"功能区。在"页眉和页脚"分组中单击"页眉"或"页脚"按钮，如图 3-149 所示。

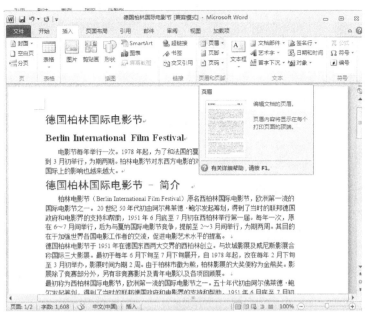

图 3-149　单击"页眉"按钮

步骤二：在打开的"页眉"面板中单击"编辑页眉"按钮，如图 3-150 所示。

图 3-150　单击"编辑页眉"按钮

步骤三：用户可以在"页眉"或"页脚"区域输入文本内容，还可以在打开的"设计"功能区选择插入页码、日期和时间等对象。完成编辑后单击"关闭页眉和页脚"按钮即可，如图 3-151 所示。

图 3-151　单击"关闭页眉和页脚"按钮

（3）在 Word 2010 文档页脚中插入页码

在 Word 文档篇幅比较大或需要使用页码标明所在页的位置时，用户可以在 Word 2010 文档中插入页码。默认情况下，页码一般位于页眉或页脚位置。在 Word 文档页脚中插入页码的操作步骤如下：

步骤一：打开 Word 2010 文档窗口，切换到"插入"功能区。在"页眉和页脚"分组中单击"页脚"按钮，并在打开的页脚面板中选择"编辑页脚"命令，如图 3-152 所示。

图 3-152　选择"编辑页脚"命令

步骤二：当页脚处于编辑状态后，在"设计"功能区的"页眉和页脚"分组中依次单击"页码"→"页面底端"按钮,并在打开的页码样式列表中选择"普通数字 1"或其他样式的页码即可,如图 3-153 所示。

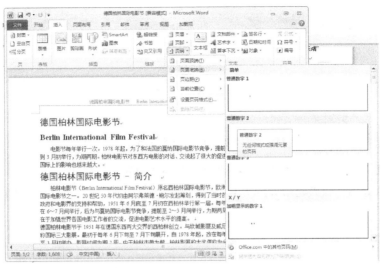

图 3-153　选择普通数字页码

(4)在 Word 2010 文档的指定页面添加页眉和页码

在使用 Word 2010 编辑文档时,经常会遇到需要在指定的页面添加页眉和页码。例如,如果是文档前 2 页没有页眉和页码,使页眉和页码从第三页开始。

操作步骤如下。

步骤一:将光标放到第二页的末尾,执行"页面布局"→"分隔符"→"下一页",如图 3-154 所示。

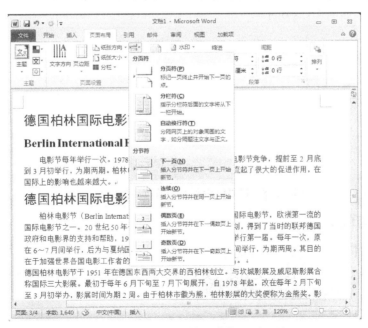

图 3-154　选中"分隔符"中的"下一页"

步骤二：单击第三页页脚，将光标放到页脚处，将"链接到前一条页眉"点掉，如图 3-155 所示。

图 3-155　将"链接到前一条页眉"点掉（1）

步骤三：插入页码：执行"插入"→"页码"→"设置页码格式"，如图 3-156 所示。
步骤四：选择第二项"起始页码从 1 开始"，单击确定后插入页码即可，如图 3-157 所示。

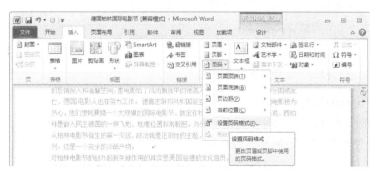 

图 3-156　执行"插入→页码→设置页码格式"　　　图 3-157　"页码格式"对话框

步骤五：插入页眉：双击第三页的页眉处，将"链接到前一条页眉"点掉。然后在页眉处输入所需页眉即可，如图 3-158 所示。

图 3-158　将"链接到前一条页眉"点掉（2）

3.6.3　打印与预览

（1）文档打印

打印文档前应该先检查打印机是否连接好，是否装好打印纸，然后单击"文件"→"打印"，进行相应的设置后，单击"打印"图标，如图 3-159 所示。

（2）双面打印

在办公中打印耗材是非常昂贵的，所以为了尽量节省纸张，往往会将一张纸正面和反面都用上（双面打印）。毕竟支持自动双面打印的打印机很少，大多数情况下的打印机都是不支持双面打印的，这时候就需要手动设置双面打印了。

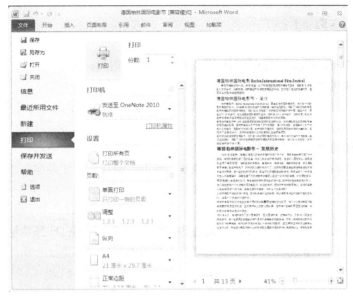

图 3-159　文档打印步骤

① 打印机支持双面打印时设置方法。若要检查打印机是否支持双面打印，可以查看打印机手册或咨询打印机制造商，也可以执行下列操作：

　　a．单击"文件"选项卡；

　　b．单击"打印"；

　　c．在"设置"下，单击"单面打印"。如果提供了"双面打印"，则您的打印机已设置为双面打印，如图 3-160 所示。

提示：如果打印到复印打印一体机，并且复印机支持双面复印，那么它可能也支持自动双面打印。如果安装了多台打印机，可能一台打印机支持双面打印，而另一台打印机不支持双面打印。

② 打印机不支持双面打印，手动设置双面打印方法。如果打印机不支持自动双面打印，有两种选择：使用手动双面打印，或分别打印奇数页面和偶数页面。

通过使用手动双面打印来打印，如果打印机不支持自动双面打印，则可以打印出现在纸张一面上的所有页面，然后在系统提示您时将纸叠翻过来，再重新装入打印机。

在 Word 2010 中，执行下列操作：

　　a．单击"文件"选项卡；

　　b．单击"打印"。

在"设置"下，单击"单面打印"，然后单击"手动双面打印"，如图 3-161 所示。

图 3-160　提供"双面打印"　　　　图 3-161　单击"手动双面打印"

打印时，Word 将提示您将纸叠翻过来然后再重新装入打印机。

③ 打印奇数页和偶数页，也可以通过执行以下步骤，在纸张两面上打印。

a．单击"文件"选项卡；

b．单击"打印"；

c．在"设置"下，单击"打印所有页"。在库的底部附近，单击"仅打印奇数页"；

d．单击库顶部的"打印"按钮；

e．打印完奇数页后，将纸叠翻转过来，然后在"设置"下，单击"打印所有页"。在库的底部，单击"仅打印偶数页"；

f．单击库顶部的"打印"按钮。

提示：根据打印机型号的不同，您可能需要旋转并重新排列页面顺序，才能在纸张的两面上打印。

（3）打印预览

日常的工作当中，经常会打印文件，而打印文件之前都会使用打印预览这一功能，看一下打印的效果如何。但在 Word 2010 中，编辑文档首页是看不到打印预览这一功能的，如何才能让这一功能出现在编辑首页，提高工作效率呢？

操作步骤如下。

步骤一：打开 Word 2010 文档，然后单击界面左上角的"文件"选项。从中选择"选项"这一栏，如图 3-162 所示。

图 3-162　选择"选项"栏

步骤二：进入"Word 选项"窗口后，切换到"快速访问工具栏"，在左边窗口中的选项"常用命令"下拉到菜单中的"打印预览选项卡"，如图 3-163 所示。

步骤三：再将其中一个名为"打印预览和打印"的命令添加到右边窗口的"自定义快速访问工具栏"中，单击"确认"按钮，如图 3-164 所示。

图 3-163　选择"打印预览选项卡"

图 3-164　点击"确认"按钮

步骤四：退出设置窗口后，返回 Word 2010 操作界面，会看到界面左上角会多出一个小放大镜观看纸张的图标，这个就是"打印预览和打印"的功能键，如图 3-165 所示。

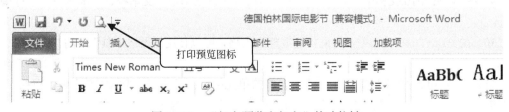

图 3-165　"打印预览和打印"的功能键

步骤五：单击此图标，文档就会进入打印预览窗口，如图 3-166 所示。

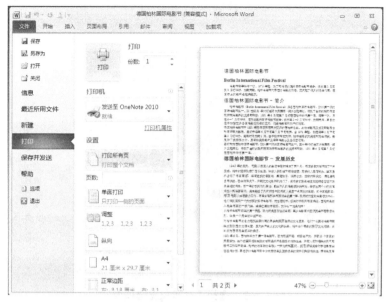

图 3-166 打印预览窗口

课后习题

1. 填空题

（1）通常 Word 2010 文档的默认扩展名是（　　　　）。

（2）在 Word 2010 中，剪切已选定的文本可以用（　　　　）快捷键；复制已选定的文本可以用（　　　　）快捷键；粘贴已选定的文本可以用（　　　　）快捷键。

（3）Word 中，文本的对齐方式有五种，它们是（　　　　）对齐、（　　　　）对齐、（　　　　）对齐、（　　　　）对齐及（　　　　）对齐。

（4）在操作中，如果删除了不该删除的文本或图形，在 Word 2010 中允许你"反悔"，这时可以按下（　　　　）快捷键。

（5）在 Word 2010 文档中按住（　　　　）键，单击图形，可选定多个图形。

（6）在 Word 2010 文档中打印预览显示的内容和打印后的格式（　　　　）。

（7）如果要设置 Word 2010 文档的版面规格，需使用"页面布局"中的"（　　　　）"组。

（8）在 Word 2010 文档中"文件"—"打印"—"设置"中选定"（　　　　）"，表示只打印光标所在的一页。

（9）在 Word 2010 文档中，如果要对文档的内容（包括图形、文本框、艺术字等）进行编辑，都要先（　　　　）操作对象。

（10）在 Word 2010 文档中，如果要选定整个表格，可以使用"表格工具"中的"（　　　　）"选项。

（11）在 Word 2010 文档中要删除选定表格的单元格，可以使用"表格工具"中"布局"选项卡中的"删除"下的"（　　　　）"命令。

（12）在 Word 2010 文档中为了能在打印之前看到打印后的效果，以节省纸张和重复打印花费的时间，一般可采用（　　　　）的方法。

2. 选择题

（1）在 Word 2010 的编辑状态，使用格式工具栏中的字号按钮可以设定文字的大小，下列四个字号中字符最大的是（　　）。

　　A．三号　　　　　　B．小三　　　　　　C．四号　　　　　　D．小四

（2）在 Word 2010 的编辑状态，执行"编辑"菜单中的"全选"命令后（　　）。

　　A．整个文档被选择　　　　　　B．插入点所在的段落被选择

　　C．插入点所在的行被选择　　　D．插入点至文档的开头被选择

（3）以下用鼠标选定的方法正确的是：（　　）。

　　A．若要选定一个段落，则把鼠标放在该段落上，连续击三下

　　B．若要选定一篇文档，则把鼠标指针放在选定区双击

　　C．选定一列时，Alt+鼠标指针拖动

　　D．选定一行时，把鼠标指针放在该行中，双击

（4）对所编辑文档进行全部选中的快捷键是（　　）。

　　A．Ctrl+A　　　　B．Ctrl+V　　　　C．Alt+A　　　　D．Ctrl+C

（5）Word 2010 常用工具栏中的[格式刷]可用于复制文本或段落的格式，若要将选中的文本或段落格式重复应用多次，应（　　）。

　　A．单击[格式刷]　　B．双击[格式刷]　　C．右击[格式刷]　　D．拖动[格式刷]

（6）在 Word 2010 中，如果要把整段文档选定，先将光标移动到文档左侧的选定栏，然后（　　）。

　　A．双击鼠标左键　　　　　　B．连续击 3 下鼠标左键

　　C．单击鼠标左键　　　　　　D．双击鼠标右键

（7）在 Word 2010 中，要进行字符的排版，首先应（　　）。

　　A．移动光标　　　　　　　　B．选定文本对象

　　C．不起作用　　　　　　　　D．只对光标处所输入的文本起作用

（8）在 Word 2010 的编辑状态，要想为当前文档中的文字设定字符间距，应当使用（　　）。

　　A．"开始"功能区的"段落"工作组　　B．"开始"功能区的"字体"工作组

　　C．"开始"功能区的"样式"工作组　　D．"开始"功能区的"编辑"工作组

（9）在 Word 2010 软件中字体对话框中不能设置的格式是（　　）。

　　A．字符间距　　　　B．字体　　　　C．字号　　　　D．行间距

（10）在 Word 2010 编辑状态下，绘制一个图形，首先应该选择（　　）。

　　A．"插入"选项卡→"图片"命令按钮

　　B．"插入"选项卡→"形状"命令按钮

　　C．"开始"选项卡→"更改样式"按钮

　　D．"插入"选项卡→"文本框"命令按钮

（11）在 Word 2010 中选定图形方法是（　　），此时出现"绘图工具"的"格式"选项卡。

　　A．按 F2 键　　　　B．双击图形　　　　C．单击图形　　　　D．按 Shift 键

（12）在 Word 2010 中，下列关于多个图形对象的说法中正确的是（　　）。

　　A．可以进行"组合"图形对象的操作，也可以进行"取消组合"操作

　　B．既不可以进行"组合"图形对象操作，也不可以进行"取消组合"操作

　　C．可以进行"组合"图形对象操作，但不可以进行"取消组合"操作

D. 以上说法都不正确

（13）在 Word 2010 编辑状态下，插入图形并选择图形将自动出现"绘图工具"，插入图片并选择图片将自动出现"图片工具"，关于它们的"格式"选项卡说法不对的是（　　）。

　　A．在"绘图工具"下"格式"选项卡中有"形状样式"组
　　B．在"绘图工具"下"格式"选项卡中有"文本"组
　　C．在"图片工具"下"格式"选项卡中有"艺术字样式"组
　　D．在"图片工具"下"格式"选项卡中没有"排列"组

（14）在 Word 2010 中，当文档中插入图片对象后，可以通过设置图片的文字环绕方式进行图文混排，下列哪种方式不是 Word 提供的文字环绕方式（　　）。

　　A．四周型　　　B．衬于文字下方　　C．嵌入型　　　D．左右型

（15）在 Word 2010 中，可以把预先定义好的多种格式的集合全部应用在选定的文字上的特殊文档称为（　　）。

　　A．母板　　　B．项目符号　　　C．样式　　　D．格式

（16）要在 Word 2010 文档中创建表格，应使用的选项卡是（　　）。

　　A．开始　　　B．插入　　　C．页面布局　　　D．视图

（17）在 Word 2010 中，单击"插入"选项卡下的"表格"按钮，然后选择"插入表格"命令，则（　　）。

　　A．只能选择行数　　　　　　B．只能选择列数
　　C．可以选择行数和列数　　　D．只能使用表格设定的默认值

（18）在 Word 编辑状态下，若光标位于表格外右侧的行尾处，按 Enter（回车）键，结果为（　　）。

　　A．光标移到下一行，表格行数不变　　B．光标移到下一行
　　C．在本单元格内换行，表格行数不变　　D．插入一行，表格行数改变

（19）可以在 Word 2010 表格中填入的信息（　　）。

　　A．只限于文字形式　　　　　　B．只限于数字形式
　　C．可以是文字、数字和图形对象等　　D．只限于文字和数字形式

（20）在 Word 2010 中，如果插入表格的内外框线是虚线，假如光标在表格中（此时会自动出现"表格工具"项，其中有"设计和布局"选项卡），要想将框线变为实线，应使用的命令按钮是（　　）。

　　A．"开始"选项卡的"更改样式"
　　B．"设计"选项卡下"边框"下拉列表中"边框和底纹"
　　C．"插入"选项卡的"形状"
　　D．以上都不对

（21）在 Word 2010 中，在"表格属性"对话框中可以设置表格的对齐方式、行高和列宽等，选择表格会自动出现"表格工具"，"表格属性"在"布局"选项卡的（　　）组中。

　　A．"表"　　　B．"行和列"　　　C．"合并"　　　D．"对齐方式"

（22）在 Word 2010 编辑状态下，若想将表格中连续三列的列宽调整为 1 厘米，应该先选中这三列，然后在（　　）对话框中设置。

　　A．"行和列"　　　B．"表格属性"　　　C．"套用格式"　　　D．以上都不对

（23）在 Word 2010 中，表格和文本是可以互相转换的，有关它的操作，不正确的是（　　）。

　　A．文本能转换成表格　　　　　　B．表格能转换成文本

C．文本与表格可以相互转换　　　D．文本与表格不能相互转换

（24）在 Word 2010 表格中求某行数值的平均值，可使用的统计函数是（　　）。

　　A．Sum()　　　B．Total()　　　C．Count()　　　D．Average()

（25）对 Word 2010 的表格功能说法正确的是（　　）。

　　A．表格一旦建立，行、列不能随意增、删

　　B．对表格中的数据不能进行运算

　　C．表格单元中不能插入图形文件

　　D．可以拆分单元格

（26）在 Word 2010 中，下列关于单元格的拆分与合并操作正确的是（　　）。

　　A．可以将表格左右拆分成 2 个表格

　　B．可以将同一行连续的若干个单元格合并为 1 个单元格

　　C．可以将某一个单元格拆分为若干个单元格，这些单元格均在同一列

　　D．以上说法均错

（27）对于 Word 2010 中表格的叙述，正确的是（　　）。

　　A．表格中的数据不能进行公式计算　　B．表格中的文本只能垂直居中

　　C．可对表格中的数据排序　　　　　　D．只能在表格的外框画粗线

（28）若要设定打印纸张大小，在 Word 2010 中可在（　　）进行。

　　A．"开始"选项卡中的"段落"对话框中

　　B．"开始"选项卡中的"字体"对话框中

　　C．"页面布局"选项卡下的"页面设置"对话框中

　　D．以上说法都不正确

（29）在 Word 2010 编辑状态下，页眉和页脚的建立方法相似，都要使用"页眉"或"页脚"命令进行设置，均应首先打开（　　）。

　　A．"插入"选项卡　B．"视图"选项卡　C．"文件"选项卡　D．"开始"选项卡

（30）在 Word 2010 中，下面关于页眉和页脚的叙述错误的是（　　）。

　　A．一般情况下，页眉和页脚适用于整个文档

　　B．在编辑"页眉与页脚"时可同时插入时间和日期

　　C．在页眉和页脚中可以设置页码

　　D．一次可以为每一页设置不同的页眉和页脚

（31）在 Word 2010 的"页面设置"中，默认的纸张大小规格是（　　）。

　　A．16K　　　　B．A4　　　　C．A3　　　　D．B4

（32）在 Word 2010 中，打印页码 5-7,9,10 表示打印的页码是（　　）。

　　A．第 5、7、9、10 页　　　　B．第 5、6、7、9、10 页

　　C．第 5、6、7、8、9、10 页　　D．以上说法都不对

（33）在 Word 2010 中，要打印一篇文档的第 1，3，5，6，7 和 20 页，需在打印对话框的页码范围文本框中输入（　　）。

　　A．1-3,5-7,20　　B．1-3,5,6,7-20　　C．1,3-5,6-7,20　　D．1,3,5-7,20

（34）Word 2010 在打印已经编辑好的文档之前，可以在"打印预览"中查看整篇文档的排版效果，打印预览在（　　）。

　　A．"文件"选项卡下的"打印"命令中

B. "文件"选项卡下的"选项"命令中
C. "开始"选项卡下的"打印预览"命令中
D. "页面布局"选项卡下的"页面设置"中

综合实训

实训一　Word 2010 文档的文字输入以及保存

【实训目的】

1．熟悉新建文档及文本的输入过程；
2．掌握文档的保存方法。

【内容步骤】

1．打开 Word 2010，新建一个文档，在其中输入如下内容：

自荐书

尊敬的领导：

您好！

首先衷心感谢您在百忙之中阅读我的自荐材料！

我叫小破孩，是**中专计算机专业毕业生。中专三年，我学好了计算机专业全部课程，而且对计算机软硬件比较精通，能熟练操作各类办公软件和绘图软件。三年里，我始终以"天道酬勤"自励，积极进取，立足扎实的基础，对专业求广度求深度。在学好每门功课的同时，更注重专业理论与实践相结合，以优异的成绩完成学业，获得了 CEAC 办公高级文员证书、劳动局计算机硬件维修中级证书、校技能鉴定文字录入中级、校技能鉴定图文混排高级、校技能鉴定应用文写作高级证书。同时，我还积极参与各类文体活动和各类社会实践活动，多次被学校评为社团活动积极分子。参加这些活动，让我变得日益成熟、稳重，拥有良好地分析处理问题的能力，也铸就了我坚毅的性格和强烈的责任心，我坚信："天生我材必有用"。

尊敬的领导，我想应聘您公司的办公文员，相信您伯乐的慧眼，能给我一个机会，蓄势而发的我会还您们个惊喜！

此致

敬礼！

自荐人：小破孩

2014-11-10

2．完成输入后，将文件保存到 D 盘下，文件名称为"自荐书.docx"。

实训二　Word 2010 字符段落格式设置

【实训目的】

1．文本选取操作；
2．熟练掌握字符格式设置方法；
3．掌握段落格式设置方法。

【内容步骤】

1．打开 D:\下的 Word 文档"自荐书.docx"。

2．将标题"自荐书"设置为"黑体"、"一号字"、"字符间距 150%"、段落格式设置为"居中"。

3．将称呼"尊敬的领导"设置为"宋体"、"四号字"、"加粗"、段落格式设置为"左对齐"。

4．将自荐书正文设置为"楷体"、"小四号字"、"行距 1.5 倍"、将第三段至倒数第三段设置文本格式"首行缩进"两个字符。

5．将"结束语和落款"字体设置为"宋体"、"小四号字"、字形"加粗并倾斜"、"此致"另起一行空两格，"敬礼"另起一行空两格，落款的署名和日期"右对齐"。

6．对照 D：\下的 Word 文档"自荐书 1.doc"，将文章中的重要信息加上"下划线"、"边框和底纹"等特殊效果。

实训三　Word 2010 图形处理操作

【实训目的】

1．熟练掌握在文档中插入图片以及设置处理图片的格式；

2．掌握在文档中插入及编辑文本框的操作方法；

3．掌握艺术字编辑器的使用。

【内容步骤】

1．打开 D:\下的 Word 文档"节奏.doc"。

2．将 D:\图片\摄影师.jpg 插入到该文档中适当位置，调整该图片大小并设置环绕方式为四周环绕。

3．将图片"摄影师.jpg"调整角度为 350°，并设置阴影效果为"投影\阴影样式 3"。

4．在文档适当位置插入一文本框，选择"内置\简单文本框"，并输入文字"影像剪辑之'节奏'"，字体为"华文彩云"，字号为三号字，字体颜色为深蓝。

5．设置该文本框的填充色为"蓝色，淡色 80%"，线条颜色为深蓝，线条为 0.75 磅双细实线。

6．将文章标题设置为艺术字，样式为"艺术字样式 16"，即完成实训一的操作。

实训四　Word 2010 表格处理操作

【实训目的】

1．熟练掌握表格制作的基本方法；

2．掌握表格的编辑和格式设置；

3．掌握"职员个人简历表"样表的制作方法（样表如图 3-167 所示）。

职员个人简历表

姓　　名		性　　别		（照　片）
出生日期		籍　　贯		
毕业院校		所学专业		
通讯地址		邮　　编		
E-mail		电　　话		
工作简历				外语程度
				特　　长
主要工作业绩				电脑运用能力
求职意向				

图 3-167　职员个人简历表

【内容步骤】

1．启动 Word 2010，新建一 Word 文档。
2．输入"职员个人简历表"并回车。
3．选择"插入\表格\插入表格"→输入列数 5，行数 8→确定。
4．根据样表，对表格进行合并、拆分等操作，使表格与样表基本一致。
5．输入表格内文字，设置字体为宋体，小五号，颜色为深青色；标题文字为黑体，四号，加粗，并居中。
6．表格外框加深绿色双线，表内加浅绿色底纹，最后调整后完成该表格的制作。

实训五 Word 2010 文档的页面设置

【实训目的】

1．利用"页面布局"对 Word 文档进行页面设置；
2．掌握插入页眉、页脚及页码的操作方法；
3．掌握 Word 2010 文档的打印预览方法。

【内容步骤】

1．打开 D:\下的 Word 文档"节奏.doc"。
2．选择"页面布局\页边距\适中"，完成该文档的页边距设置。
3．选择"页面布局\纸张方向\纵向"，完成该文档的纸张方向设置。
4．选择"插入"中的"页眉和页脚"组，分别设置页眉文字为："北京电影学院摄影专业系列教材"，采用系统默认字体；页脚插入页码，选择"页眉和页脚工具\设计\页码\页面底端\普通数字 1"，完成页眉和页脚的设置。
5．选择"文件\打印"，打开"打印预览"窗口，即完成实训五的操作。

第 4 章

Excel 2010

本章学习要点

1. 了解工作簿、工作表、单元格、单元格内容等概念。
2. 掌握正确启动与退出 Excel 2010 以及工作簿的创建和保存的操作方法。
3. 认识 Excel 2010 电子表格的工作簿窗口。
4. 掌握编辑工作表数据的方法,包括删除或插入单元格、行或列;调整行高与列宽。
5. 会在实例中灵活对工作表进行格式化。
6. 掌握公式和函数在 Excel 2010 电子表格数据计算中的正确使用。

4.1 Excel 2010 入门

为了使我们在工作、生活和学习中更加便利,就需要建立一些表格。例如,学生的成绩表、销售统计表、生产中的统计报表等。各类表格的共同特点都是由行和列组成,包括字符、数字等数据。Excel 2010 是专门处理电子表格的软件,用户可利用其强大的数据处理功能,这样处理表格会更加方便、快捷,还可将表中的各种数据以各种各样的图表来显示。

4.1.1 Excel 2010 简介

Excel 2010 是 Microsoft 公司推出的办公软件 Office 2010 套装软件中的一个重要成员,也是目前最流行的电子表格处理软件之一。中文 Excel 2010 强大的数据处理能力,丰富多彩的处理方法和类型,使它作为电子表格处理软件广泛用于各种"表格"式数据管理的领域,如财务、行政、金融、经济和审计等方面。

(1) 启动 Excel 2010

方法一:单击"开始"菜单,选择"所有程序"→Microsoft office→Microsoft Excel,就可以启动 Excel 2010。

方法二:在 Windows 桌面双击 Excel 文档文件,同样可启动 Excel 2010。

(2) 退出 Excel 2010

方法一:单击 Excel 主窗口的"关闭"按钮,可以退出 Excel。

方法二:单击 Excel 主窗口"文件"选项卡中的"退出"命令,同样可退出 Excel。

4.1.2 Excel 2010 的窗口界面

Excel 启动后，启动 Excel 2010 后得到的窗口如图 4-1 所示。

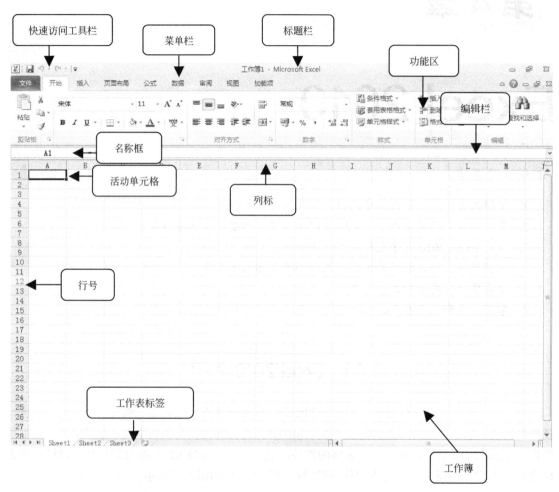

图 4-1 Excel 窗口界面

（1）工作簿

当启动 Excel 时，会自动打开一个文件名为工作簿 1.xls 的空白工作簿。每个工作簿可以包含多张工作表（最多 255 张）。在 Excel 初始状态下，一个工作簿文件由 3 张工作表组成，名称分别为 Sheet1、Sheet2、Sheet3。

（2）标题栏

标题栏位于窗口的顶部，显示当前应用程序和当前工作簿文件的名字。

（3）功能区

功能区由许多选项卡组成，每一个选项卡包含某一个命令或多个命令。在初始状态下，Excel 2010 功能区显示"开始"选项卡的命令。

（4）快速访问工具栏

快速访问工具栏默认情况下由三个按钮组成：保存、撤销、恢复，可以自定义快速访问工具栏。

(5) 列标

列标位于各列上方,以字母 A、B、C,……来表示,列标 A 一直变化到Ⅳ(Z 列之后是 AA 列,AZ 列之后为 BA 列,类推至Ⅳ),共可有 256 列。

(6) 行号

行号位于各行左侧,用数字 1、2、3,……来表示,每个工作表中共有 65536 行。

(7) 活动单元格

Excel 2010 的工作表中,行和列交叉部分就是单元格,它是 Excel 的基本操作单元。每个单元格都对应一个地址,这个地址由列标加行号组成。比如,A4 就是代表位于第 1 列和第 4 行交叉位置的单元格地址。当前正在操作的单元格称为活动单元格。

(8) 名称框

名称框用来给电子表格中的单元格或区域进行命名或显示。利用名称框,用户可以快速地定位到相应的名称区域。另外,灵活使用单元格的命名还可以在各种报告数据处理过程中方便地引用单元格中的数据。一般情况下,名称框显示当前活动单元格的地址。

(9) 编辑栏

编辑栏用于编辑或显示当前活动单元格的内容。用户既可以直接在当前活动单元格中输入数据,也可以通过编辑栏输入和编辑数据。

(10) 工作表标签

工作表由单元格组成,在 Excel 2010 中一张工作表是由 256(列)×65636(行)个单元格组成。工作簿窗口底部的工作表标签上显示工作表的名称,用户可以通过单击相应的工作表标签在不同的工作表之间进行切换。

4.1.3 创建 Excel 工作表

在 Excel 2010 中,一个新建的工作簿在默认情况下包含 Sheet1、Sheet2 、Sheet3 3 张工作表,而每张工作表由多个单元格组成。在使用 Excel 2010 制作表格的过程中,主要包括对工作表的添加、删除、复制与移动、重命名等操作。

(1) 插入工作表

① 选择某个工作表单击鼠标右键,在弹出的快捷菜单中选择"插入"命令,如图 4-2 所示。

② 在弹出的对话框中,选择"工作表"选项,单击"确定"即可在当前工作表前插入一张新工作表。

除此方法外,还有几种方式可插入工作表。

方法一:单击工作表标签右侧的 "插入工作表"按钮,可以插入一张新的工作表。

方法二:在"开始"选项卡的"单元格"组中,单击"插入"下方的下拉列表,选择"插入工作表"命令,可插入一张新的工作表。

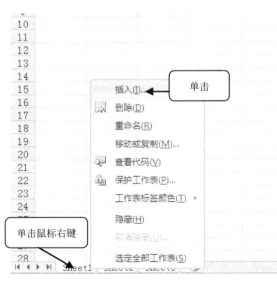

图 4-2 插入工作表

（2）删除工作表

如果工作簿中有多余的工作表，可以将其删除，具体的方法有以下几种。

方法一：鼠标右键单击需要删除的工作表标签，在弹出的快捷菜单中选择"删除"命令即可。

方法二：选择需要删除的工作表标签，在"开始"选项卡的"单元格"组中，单击"删除"下方的下拉列表，选择"删除工作表"命令即可。

删除工作表后，其后面的工作表即为当前工作表。

（3）移动或复制工作表

在管理工作表时，可能需要将某张工作表复制或移动到某一位置。如要复制工作表，具体操作方法如下。

① 鼠标右键单击需要复制的工作表标签，在弹出的快捷菜单中选择"移动或复制"命令，如图4-3所示。

② 在弹出的"移动或复制工作表"的对话框中，选择需要移动或复制的工作表，并勾选"建立副本"复选框，单击"确定"按钮即可，如图4-4所示。

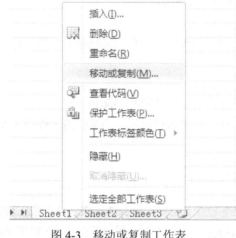

图4-3 移动或复制工作表

图4-4 建立副本

③ 如果需要移动工作表，只要在"移动或复制工作表"对话框中，取消勾选"建立副本"复选框，即可实现移动工作表。

（4）重命名工作表

为了用户便于查询和记忆工作表，可以对每个工作表进行重命名操作。重命名工作表时，鼠标右键单击需要重命名的工作表，在弹出的快捷菜单中选择"重命名"命令，即可直接输入新的工作表名称，然后按下"Enter"回车键即可，如图4-5所示。

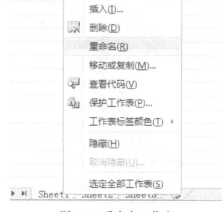

图4-5 重命名工作表

（5）输入数据

① 选取单元格。在单元格内输入数据时，要先选取单元格。

a．选择单个单元格，直接单击需要选取的单元格即可。

b．选择连续的多个单元格（单元格区域），方法为：选中需要选择的单元格区域左上角的单元格，拖动鼠标左键不放，直至拖动到该单元格区域右下角的单元格，松开鼠标即可。还可选中需要选择的单元格区域左上角的单元格，按住"Shift"键不放，单击单元格区域右下角的单元格即可。

c．选择不连续的多个单元格或单元格区域，方法为：选中一个单元格或单元格区域，然后按住"Ctrl"键不放，依次单击需要选择的单元格或单元格区域，即可完成选择。

② 选择行、列

a．选择一行，将鼠标移动到需要选择的行号前，单击鼠标即可选中该行。

b．选择连续的行，单击需要选择的起始行，按住鼠标左键不放并拖动，直到需要选择的末行，松开鼠标即可。

c．选择不连续的行，按住"Ctrl"键不放，依次单击需要选择的行号即可。

列的选择同行的选择方法相同。

③选择全部单元格

a．单击行号和列标交汇处的　　按钮，即可选中全部单元格。

b．单击任意单元格，按下快捷键"Ctrl+A"键，即可选中全部单元格。

④ 输入数据。在工作表中，可以输入文本、符号、数字等，具体步骤如图4-6所示。

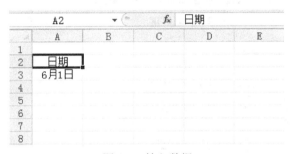

图4-6 输入数据

⑤ 填充数据。在输入具有某种规律的数据，如输入相同的数据或是序列数据时，还可利用Excel的"自动填充"功能可以快速的填充数据，具体步骤如图4-7所示。

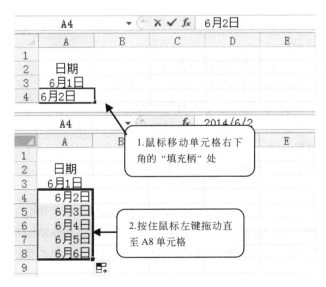

图4-7 填充数据

(6) 保存工作簿

数据输入完成后，单击"文件"选项卡，选择"保存"按钮，选取保存路径，给文件取名，单击"保存"按钮即可。如该工作簿已保存过，可选择"另存为"按钮。

4.1.4 编辑 Excel 工作表

在单元格中输入数据后，有时还可根据实际需要对行、列和单元格进行相应的编辑操作，如插入行、列和单元格，设置行高与列宽等。

(1) 插入行、列和单元格

完成表格的编辑后，若需要添加内容，可在原有表格的基础上插入行、列或单元格，以便添加遗漏数据。例如，要在工作表中插入一个单元格，可按下面的操作步骤实现。

① 打开需要操作的工作簿，选中某个单元格，在"开始"选项卡的"单元格"组中，单击"插入"按钮右侧的下拉按钮，在弹出的下拉列表中单击"插入单元格"选项，如图4-8所示。

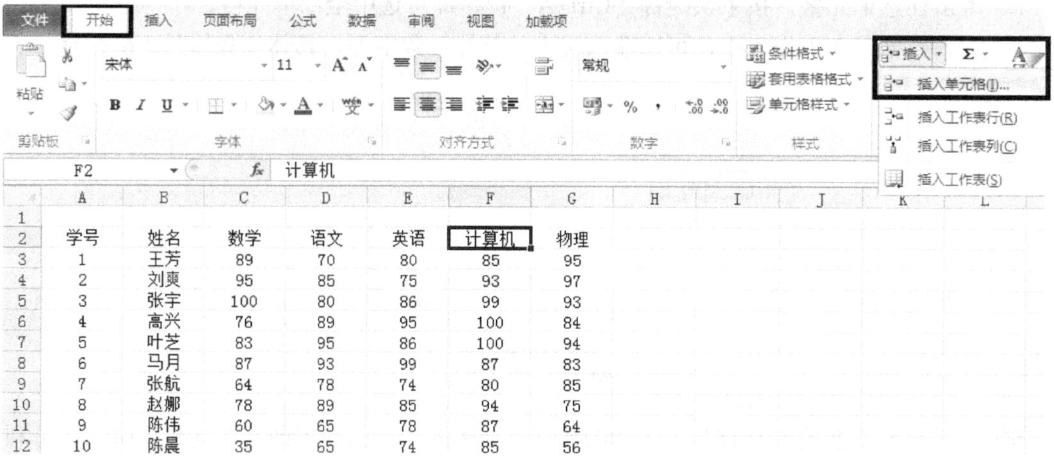

图 4-8 插入单元格

②在弹出的"插入"对话框中选择单元格的插入方式，如"活动单元格下移"，然后单击"确定"按钮即可。

在其下拉列表中，其余3个选项的作用介绍如下。

a. "插入工作表"选项：可用于添加一张新的工作表。

b. "插入工作表行"选项：在当前单元格的上方插入一行。

c. "插入工作表列"选项：在当前单元格的左侧插入一列。

(2) 删除行、列和单元格

① 在表格的编辑过程中，把多余的单元格删除。例如要删除某个多余的单元格，可按下面的操作步骤实现。

步骤一：打开需要操作的工作簿，选中要删除的某个单元格，在"开始"选项卡的"单元格"组中，单击"删除"按钮右侧的下拉按钮，在弹出的下拉列表中单击"删除单元格"选项，如图4-9所示。

步骤二：在弹出的"删除"对话框中选择单元格的删除方式，如"下方单元格上移"，然后单击"确定"按钮即可。

② 在其下拉列表中，其余3个选项的作用介绍如下。

a. "删除工作表"选项：可用于删除当前工作表。

b. "删除工作表行"选项：删除当前单元格所在的整行。
c. "删除工作表列"选项：删除当前单元格所在的整列。

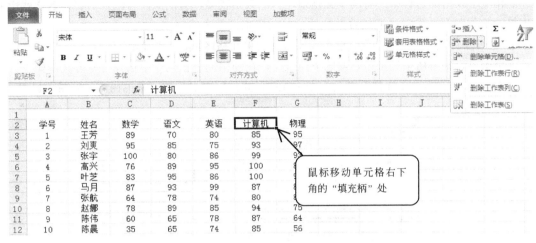

图 4-9　删除单元格

（3）设置行高与列宽

为了适应不同的数据的高度和宽度，可以改表工作表中的行高和列宽。

① 调整行高。Excel 2010 中有两种方法可以改变选定行的行高。

方法一：拖动鼠标操作

将鼠标指针移动到所要调整行高的某行的下边线上，当指针变成双箭头，此时若双击鼠标左键，则行高将变化为最合适该行显示的最高行高；若拖动该双箭头向上或向下，根据需要拖动到适合的行高。

方法二：使用格式菜单命令操作

选中所需调整行高的行，在"开始选项卡"的"单元格"组中单击"格式"按钮，在弹出的下拉列表中选择"行高"选项，在弹出的对话框中，输入相应的数值，如图 4-10 所示。

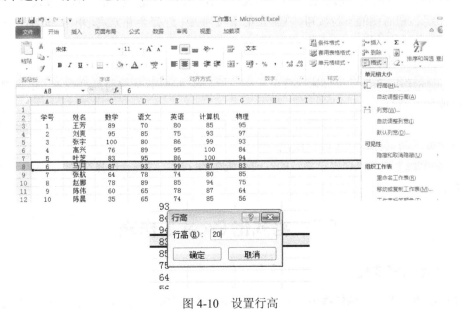

图 4-10　设置行高

② 列宽。设置列宽的方法类似于行高设置。

（4）合并与拆分单元格

制作电子表格的过程中，有的单元格中输入的数据较多，有的又没有输入内容，这样就影响了表格的整体美观，这时可通过合并和拆分单元格来调整表格样式。

① 合并单元格。打开工作簿，选中需要合并的单元格区域，在"开始"选项卡的"对齐方式"组中，单击"合并后居中"按钮右侧的下拉按钮，在弹出的下拉列表中选择合并方式，如"合并后居中"，则选中的多个单元格合并为一个单元格，并且居中显示单元格的内容，如图4-11所示。

图 4-11 合并单元格

对单元格进行合并操作时，上述操作中介绍的"合并后居中"方式外，还有"跨越合并"和"合并单元格"等2种方式，其作用如下。

a. 跨越合并：将选中的多个单元格按行进行合并。

b. 合并单元格：将选择多个单元格合并成一个较大的单元格，新单元格中的内容仍以默认的对齐方式"垂直居中"进行显示。

② 拆分单元格。在 Excel 2010 中，只允许对合并后的单元格进行拆分，并将它们还原成合并前的单元格个数。

拆分单元格的方法为：选中合并后的单元格，在"开始"选项卡的"对齐方式"组中，单击"合并后居中"按钮右侧的下拉按钮，在弹出的下拉列表中选择合并方式，单击"取消单元格合并"选项即可。

（5）隐藏行和列

① 用鼠标操作。在拖动鼠标来改变单元格的行高或列宽时，如果将高度或者宽度调整得很小，则这时行或列就被暂时隐藏起来。

要将被隐藏的行或列重新显示出来，可以将鼠标指针移动到隐藏行或列的交界处，当指针双箭头，拖动或双击鼠标，即可取消隐藏。

② 用菜单命令操作。选定已隐藏的行或列所在的区域，右击后选择"取消隐藏"可以将隐藏的行或列重新显示出来。

4.2 格式化 Excel 工作表

4.2.1 单元格格式化

在 Excel 中，用户在单元格中输入数据后，可对其设置相应的格式，如字体、字号、对齐方式、边框与底纹等，使制作出来的表格更加美观。

（1）字符格式化

在单元格中输入数据后，根据具体操作需要，用户可对其字体、字号等进行更改设置，具体设置方法如下。

方法一：选中需要设置字符格式的单元格或单元格区域，单击鼠标右键，将弹出浮动工具栏，单击某个按钮可完成相应的设置。

方法二：选中需要设置字符格式的单元格或单元格区域，在"开始"选项卡中的"字体"组单击右下角的"功能扩展"按钮"　"，可弹出"设置单元格格式"的对话框，可完成相应的设置。

使用上面的方法可将标题行 A1：G1 区域内的字符格式设置为黑体、20 号、加粗，操作步骤如图 4-12 所示。

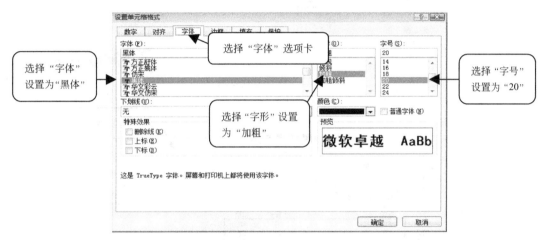

图 4-12　设置字体格式

（2）设置对齐方式

Excel 单元格中，默认的文本的水平对齐方式为"左对齐"，数据的水平对齐方式为"右对齐"，而它们的垂直对齐方式都是"垂直居中"，根据制作表格的需要，用户可对其重新设置对齐方式，具体的方法如下。

方法一：选中需要设置字符格式的单元格或单元格区域，在"开始"选项卡中的"对齐方式"组中，单击某按钮可实现相应的对齐方式。"　"用于设置垂直对齐方式，"　"用于设置水平对齐方式，两者可结合使用。

方法二：选中需要设置字符格式的单元格或单元格区域，单击"对齐方式"组中的"功能扩展"按钮，弹出"设置单元格格式"对话框，对其进行对齐方式设置。下面以"学生成绩统计表"为例，练习对表中的数据字符格式进行设置，具体操作步骤如图 4-13 所示。

（3）数字格式化

数字是 Excel 2010 中非常重要的对象，对于输入数字的单元格，除了可以像字符一样可设置字体、字号、对齐方式以外，还有其特殊的格式设置方法。例如小数点位数、货币形式、百分数等。这些格式的设置方法大体相同，都可通过"数字"组和"设置单元格格式"对话框来设置。下面以"学生成绩统计表"为例，练习对表中的数据进行格式设置，具体操作步骤如图 4-14 所示。

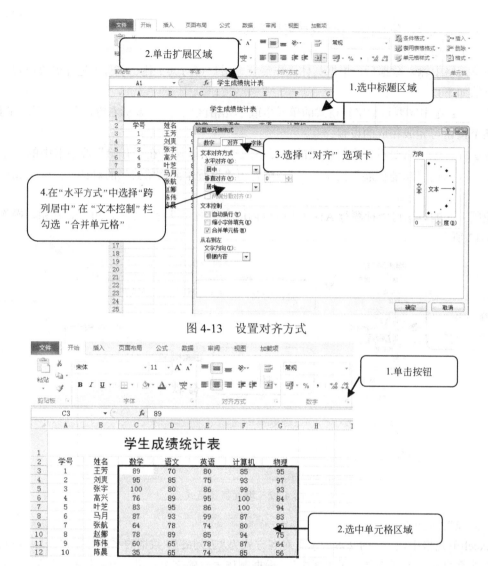

图 4-13　设置对齐方式

图 4-14　数字格式化

在弹出的"设置单元格格式"对话框中,选择"数字"选项卡,选中"数值",然后在右侧窗格中设置小数位数等参数,设置好后单击"确定"按钮,返回工作表后,可看到设置好后的数字格式,如图 4-15 所示。常用的数字格式分类各项用途说明见表 4-1。

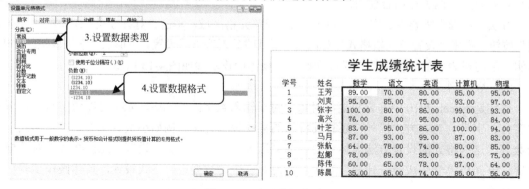

图 4-15　设置数据格式

表 4-1　数字格式分类

选项	用途
常规格式	常规格式是 Excel 默认的数字格式，是指 Excel 使用整数格式
数值格式	包括小数位数、使用千位分隔符以及负数的显示格式等
货币格式	可选择货币符号的格式，如"¥"等
会计专用格式	对一列数值进行货币符号和小数点对齐
日期格式	允许用各种形式表示日期
时间格式	允许用各种形式表示时间
分数格式	将数值数据以分数形式而不是小数形式显示
百分比格式	单元格的数字自动乘以 100，并且以百分比的形式出现
科学记数格式	以指数记数法表示数值数据
文本格式	将数值数据作为文本处理
特殊格式	将数值数据设置一些特殊格式，如数据为 200，设置成"中文大写数字"格式后，显示为"贰佰"
自定义格式	用户可以选择或自己定义需要的数字格式

（4）设置文本控制

"单元格格式"对话框中的"文本控制"栏包括以下几项。

① 自动换行。在单元格中输入的数据超出单元格长度时，为了使单元格中更多的内容显示出来，Excel 提供的自动换行功能。

② 缩小字体填充。在保证单元格大小不变的情况下，将字体缩小填充单元格，使其完全显示。

③ 合并单元格。可以将相邻的多个单元格合并为一个单元格。

（5）设置表格的边框和底纹

① 设置表格的边框格式。

在默认的情况下，工作表的网格线是灰色的，而且是打印不出来的。通常用户都会为其添加边框，让工作表更加美观。为表格添加边框有两种方法。

方法一：选中需要添加边框的单元格或单元格区域，在"开始"选项卡的"字体"组中单击"边框"按钮右侧的下拉按钮，选择所需的表格边框，如图 4-16 所示。

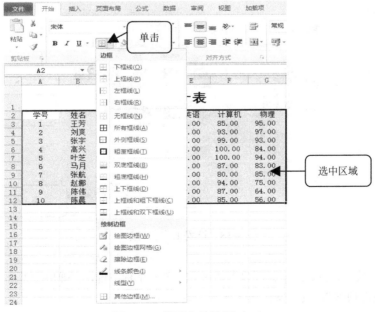

图 4-16　设置表格边框（一）

方法二：选中需要添加边框的单元格或单元格区域，单击鼠标右键，在弹出"设置单元格格式"的对话框中选择"边框"选项卡，进行相应的设置，如图 4-17 所示。

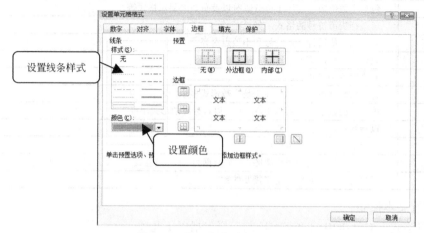

图 4-17　设置表格边框（二）

② 设置表格背景、底纹、标签颜色。

在 Excel 中，为了加强工作表的美感，用户可以自备一些漂亮的图片，在工作表中插入背景、底纹、标签颜色以便标识重点。以"学生成绩表"为例进行设置。

a. 设置工作表背景，具体步骤如图 4-18 所示。

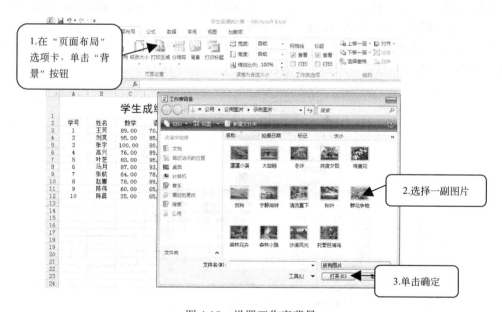

图 4-18　设置工作表背景

b. 设置底纹填充，首先选中需要设置的区域，单击鼠标右键，在弹出的"单元格格式"对话框中选择"填充选项卡"，具体操作步骤如图 4-19 所示。

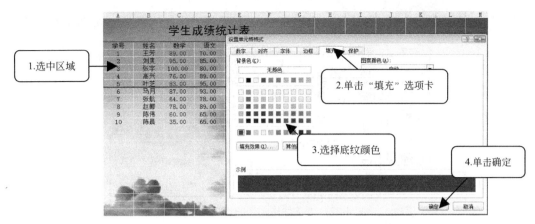

图 4-19 设置底纹填充

c. 设置工作表标签颜色，首先选中需要设置的工作表标签，单击鼠标右键，选择"工作表标签颜色"，具体操作步骤如图 4-20 所示。

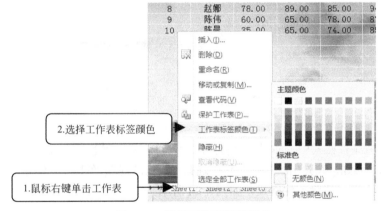

图 4-20 设置工作表标签颜色

(6) 使用条件格式

条件格式是指根据单元格中的数据满足某一个特定要求而设置不同的格式。通过一个实例来介绍条件格式的设置，例如在"学生成绩统计表"工作簿中，要求设置学生成绩为 100 分的数据单元格为"浅红色填充"，60 分以下的数据单元格为"黄填充色深黄色文本"，具体步骤如下。

步骤一：选取 C3：G12 区域，点击"样式"中的"条件格式"，选择"突出显示单元格规则"中的"等于（E）"，如图 4-21 所示。

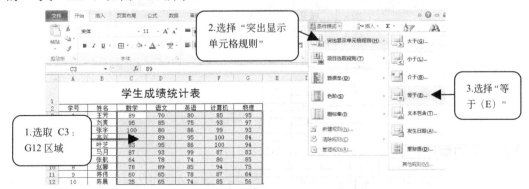

图 4-21 "条件格式"的设置（一）

步骤二：在"等于"对话框中第一个输入 100，设置为"浅红色填充"，如图 4-22 所示。

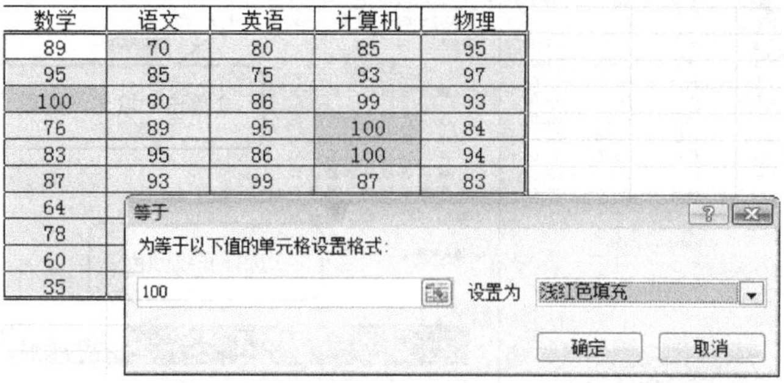

图 4-22　"条件格式"的设置（二）

步骤三：继续选择"突出显示单元格规则"中的"小于（L）"，在"小于"对话框中第一个输入 60，设置为"黄填充色深黄色文本"，点击确定后完成条件格式设置，如图 4-23 所示。

图 4-23　"条件格式"的设置（三）

（7）清除设置的条件格式

在工作表设置条件格式后，如果想要将其清除，可先将设置条件格式的单元格区域选中，再单击"条件格式"按钮，在弹出的快捷菜单中选择"清除规则"，在其下一级菜单中选择"清除所选单元格的规则"即可清除条件格式，如图 4-24 所示。

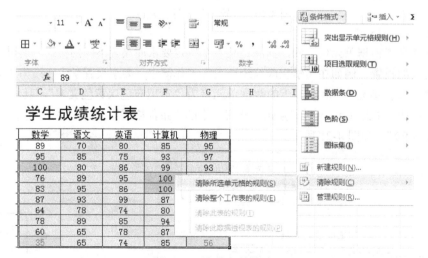

图 4-24　清除条件格式

4.2.2　自动套用格式

在 Excel 2010 中，提供了多种整个工作表样式，为了节省格式化工作表设置的时间。可以在"样式"组中，单击"套用表格格式"按钮，弹出工作表样式菜单进行选择。以"学生成绩统计表"

工作簿为例，应用套用表格格式，具体操作步骤如下。

① 选中需要套用表格样式的单元格区域 A2：G12，在"开始"选项卡的"样式"组中单击"套用表格格式"按钮，在下拉列表中选择所需的样式如图 4-25、图 4-26 所示。

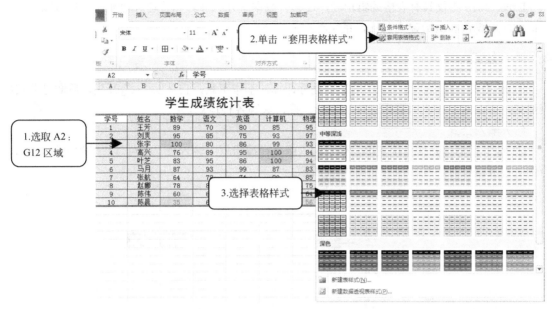

图 4-25　套用表格样式（一）

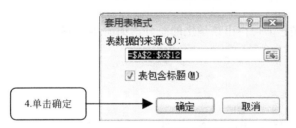

图 4-26　套用表格样式（二）

② 经过上述操作，所选单元格区域会自动添加标题文字颜色、单元格填充色等，并且还会把表格区域转化为下拉列表，从而对其设置，如图 4-27 所示。

学号	姓名	数学	语文	英语	计算机	物理
1	王芳	89	70	80	85	95
2	刘爽	95	85	75	93	97
3	张宇	100	80	86	99	93
4	高兴	76	89	95	100	84
5	叶芝	83	95	86	100	94
6	马月	87	93	99	87	83
7	张航	64	78	74	80	85
8	赵娜	78	89	85	94	75
9	陈伟	60	65	78	87	64
10	陈晨	35	65	74	85	56

图 4-27　表格区转化为下拉列表

4.3 数据计算

Excel 2010 不仅具有表格编辑功能,还具有数据统计、计算和管理等功能。用户可以使用系统提供的运算符和函数建立公式,系统将按公式自动进行计算。

4.3.1 公式

Excel 中的公式是对工作表中的数据进行计算的基本工具,它是以"="开头,后面是公式的表达式,可以对工作表的数据进行加、减、乘、除等各种运算。

(1)输入公式

① 选中目标单元格直接在单元格中输入或是在编辑栏中输入公式即可。以"学生统计工作表"为例进行数据计算,具体步骤如图 4-28 所示。

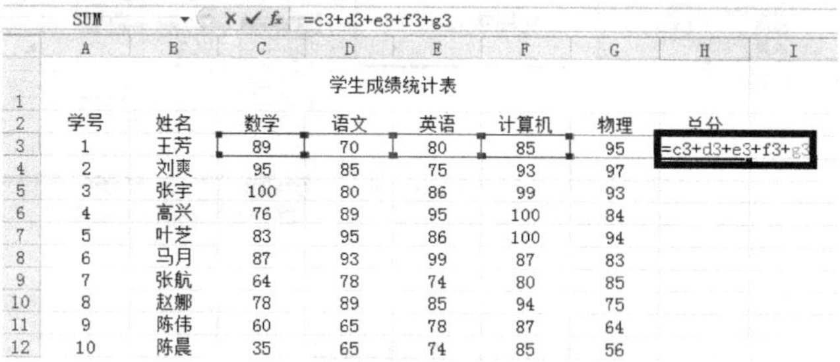

图 4-28 输入公式

② 输入数据后按下回车键,即可得出该学生的总分,如图 4-29 所示。

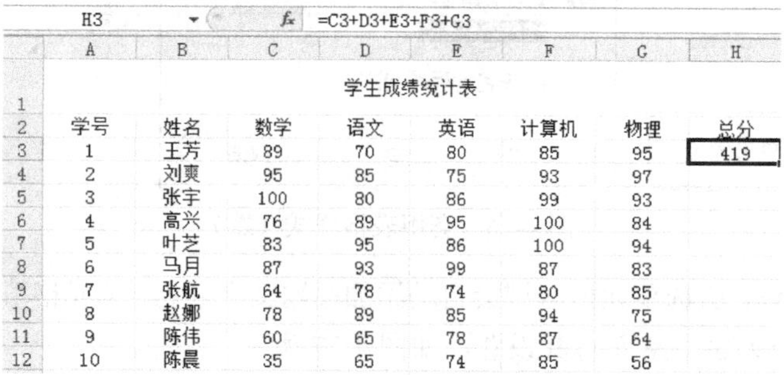

图 4-29 运用公式计算后的结果

③ 鼠标放在该单元格的右下角,拖动鼠标指针不放向下拖动,直至显示所有学生总分即可,如图 4-30 所示。

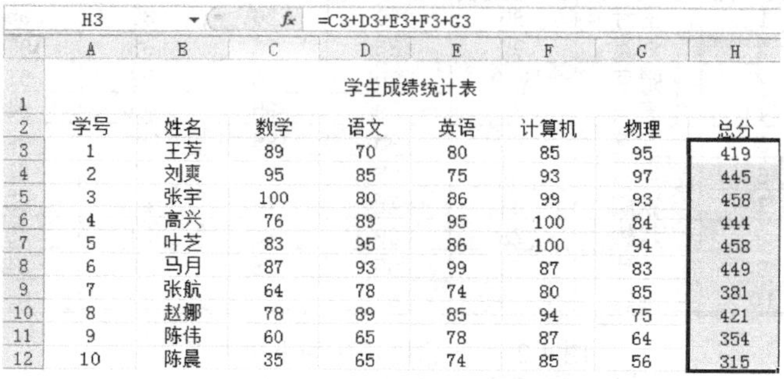

图 4-30 套用公式进行计算

（2）公式中的运算符

① 算术运算符如表 4-2 所示。

表 4-2 算术运算符

名称	符号	名称	符号
加法运算符	+	减法运算符	—
乘法运算符	×	除法运算符	/
乘方运算符	∧	百分号运算符	%

算术运算符的优先顺序为：百分号、乘方、乘法和除法、加法和减法。同级的运算按从左到右，先乘除后加减，在有括号的情况下，先进行括号内计算，后进行括号外计算。

② 比较运算符如表 4-3 所示。

表 4-3 比较运算符

名称	符号	名称	符号
等于运算符	=	大于等于运算符	≥
大于运算符	>	小于等于运算符	≤
小于运算符	<	不等于运算符	≠

比较运算符用来比较两个数的大小，返回的是一个逻辑值：TRUE（真）或者 FALSE（假）。

另外：Excel 2010 中使用"&"文本运算符来连接一个或多个字符，例如"技工"&"学校"结果为"技工学校"。

（3）单元格的引用

一个单元格中的数据被其他单元格的公式使用，称为引用。在使用公式计算数据时，常常会用到单元格的引用。单元格的引用可分为：引用同一个工作表中的单元格地址或同一个工作簿中其他的工作表中的单元格的地址，称为内部引用；引用其他工作簿中的单元格地址称为外部引用。

① 相对引用、绝对引用和混合引用

a．相对引用。Excel 在默认的情况下，都是使用相对引用。在相对引用中，公式中的引用会根据显示计算机结果的单元格位置的不同而做出相应改变。以"学生成绩统计表"工作表为例，在"H3"单元格中输入公式"=C3+D3+E3+F3+G3"，将公式复制到"H4"的单元格中，公式就变为"H4= C4+D4+E4+F4+G4"。如图 4-31、图 4-32 所示。

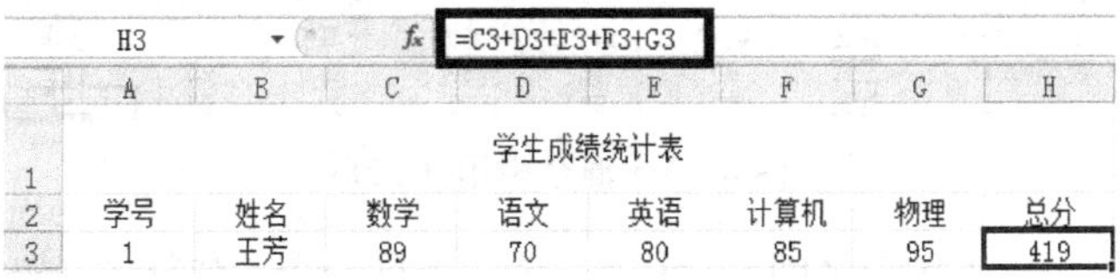

图 4-31 相对引用（一）

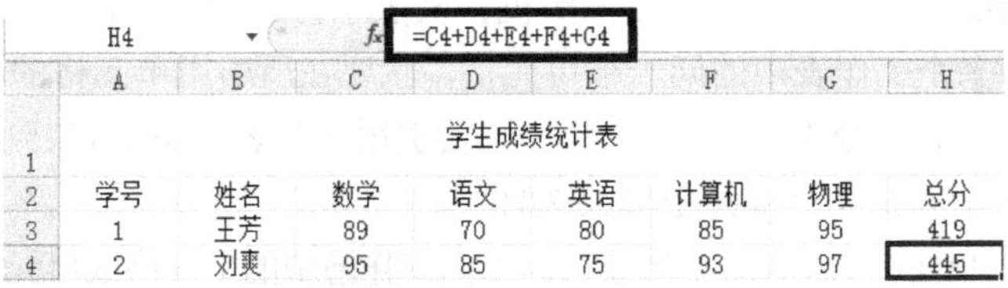

图 4-32 相对引用（二）

b. 绝对引用。绝对引用是将公式复制到目标单元格时，公式中的单元格地址保持不变。但在绝对引用时，需要在引用的单元格地址的列标和行号前加符号"$"（在英文状态下输入该符号）。

例如：在"H3"单元格中输入公式"=$C$3+$D$3+$E$3+$F$3+$G$3"，将公式复制到"H4"的单元格中，公式仍为"=$C$3+$D$3+$E$3+$F$3+$G$3"。H4 单元格计算的结果和"H3"单元格的数据一样。如图 4-33、图 4-34 所示。

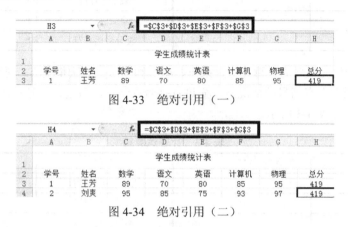

图 4-33　绝对引用（一）

图 4-34　绝对引用（二）

c. 混合引用。混合引用是指引用的单元格地址既有相对引用也有绝对引用，采用的形式为"$A1、A$1"，就是具有绝对列和相对行或是绝对行和相对列组成。混合引用中，相对引用会发生变化，但绝对引用不变。

例如，将"H3"单元格中的公式更改为"=C$3+D$3+E$3+F$3+G3"，将"H3"单元格公式复制到"H4"时，则 H4 的单元格公式更改为"=C$3+D$3+E$3+F$3+G4"，如图 4-35、图 4-36 所示。

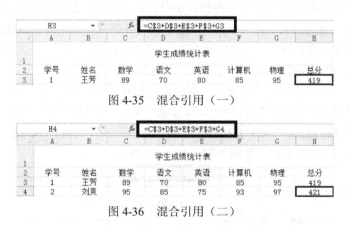

图 4-35　混合引用（一）

图 4-36　混合引用（二）

② 同一个工作簿不同工作表之间单元格的引用。在同一个工作簿中，如果要引用其他工作表的单元格或单元格区域，就要在所引用单元格的前面加上工作表的名称和感叹号"！"即可。例如，要引用工作表"Sheet2"中"H3"单元格的数据，其表示方式为"Sheet2!H3"。

如果要引用连续多个工作表中的同一个单元格，就要在所引用单元格的前面加上起始工作表和终止工作表，再加上感叹号"！"即可，例如，要引用工作表"sheet1"到"sheet3"中"H3"单元格的数据，其表示方式为"Sheet1:Sheet3!H3"。

③ 不同工作簿中单元格的引用。如果要引用不同工作簿中的单元格或单元格区域，一般格式为：'工作簿存储地址[工作簿名称]工作表名称'!单元格地址。例如引用 E 盘中"成绩表"工作簿中

"Sheet1"到"Sheet3"中"H3"单元格中的值,表示方式为"'E:\[成绩表.xls]Sheet1:Sheet3'!H3"。

4.3.2 函数

函数是预先定义的公式,主要以参数作为运算对象,完成一定的计算或统计数据的功能。如求和函数、平均值函数等,函数格式如下:

函数名(参数1,参数2…)

在输入函数时,有两种方法:一是直接输入法,二是粘贴函数法。

(1)直接输入

选定要输入函数的单元格,输入"="和函数名及参数,按回车键即可。例如,在H3单元格中直接输入"=SUM(C3:G3)",按下回车键,则在H3单元格中得到"C3:G3"区域内数据的总和,如图4-37所示。

图4-37 输入函数

(2)粘贴函数

方法一:选中需要显示计算结果的单元格,单击"开始"选项卡中"编辑栏"选项,单击Σ下拉列表选择所需要的函数。例如在"学生成绩统计表"中求出"学号 1"学生各科成绩的平均分,如图4-38所示。

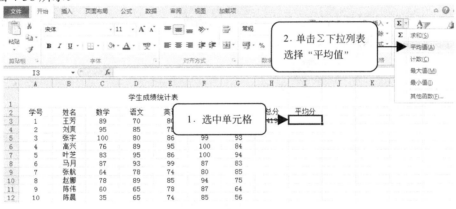

图4-38 粘贴函数

在I3单元格显示公式"=AVERAGE(C3:G3)",按下回车键,显示结果。操作步骤如图4-39、图4-40所示。

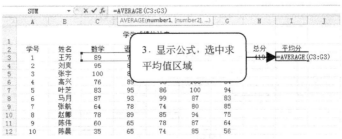

图4-39 选中区域

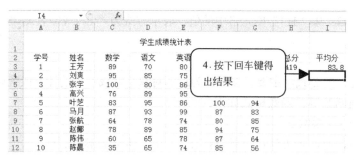

图 4-40　回车确认得出结果

再通过填充公式的方法，计算出“I4：I12”区域，每名学生的各科成绩的平均值，如图 4-41 所示。

I3　=AVERAGE(C3:G3)

学生成绩统计表

学号	姓名	数学	语文	英语	计算机	物理	总分	平均分
1	王芳	89	70	80	85	95	419	83.8
2	刘爽	95	85	75	93	97	445	89
3	张宇	100	80	86	99	93	458	91.6
4	高兴	76	89	95	100	84	444	88.8
5	叶芝	83	95	86	100	94	458	91.6
6	马月	87	93	99	87	83	449	89.8
7	张航	64	78	74	80	85	381	76.2
8	赵娜	78	89	85	94	75	421	84.2
9	陈伟	60	65	78	87	64	354	70.8
10	陈晨	35	65	74	85	56	315	63

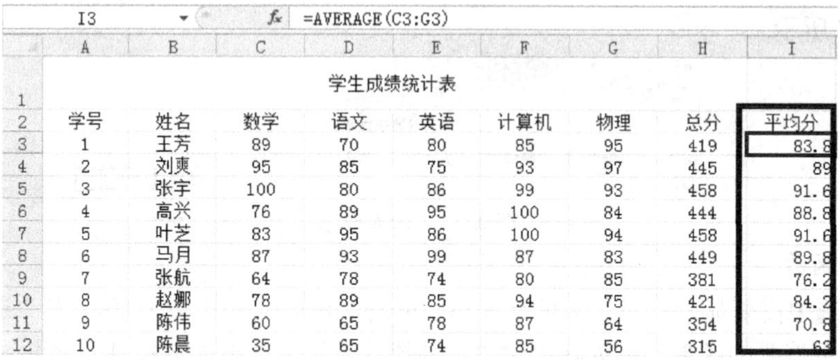

图 4-41　填充公式法求出所有平均值

方法二：在“公式”选项卡的“函数库”组“插入函数”命令中单击 Σ · 下拉列表，选择平均值，如图 4-42 所示，其他步骤同上。如在该按钮的下拉列表中，没有所需的函数，可选择“其他函数”。

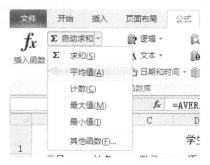

图 4-42　利用“公式”选项卡求平均值

（3）常用函数

① 数学与三角函数见表 4-4。

表 4-4　常用数学与三角函数

函数名	说明
COS	返回给定角度的余弦值
EXP	返回 e 的 n 次方
INT	将数值向下取整为最接近的整数
ROUND	按指定的位数对数值进行四舍五入
SIN	返回给定角度的正弦值
SUM	计算单元格区域中所有数值的和
TRUNC	将数字截为整数或保留指定位数的小数

例如：
INT 函数：INT（27.8）结果为 27
ROUND 函数：例如将 B3 单元格的值四舍五入，保留 2 位小数 ROUND(B3，2)
SUM 函数：例如 SUM（A1：A3）、SUM(B2:B4:C5)
② 统计函数见表 4-5。

表 4-5 统计函数

函数名	说明
AVERAGE	返回其参数的算术平均值，参数可以是数值或包含数值的名称、数组或引用
COUNT	计算包含数字的单元格以及参数列表中的数字的个数
COUNTIF	计算某个区域中满足给定条件的单元格数目
MAX	返回一组数值中的最大值
MIN	返回一组数值中的最小值

③ 逻辑函数见表 4-6。

表 4-6 逻辑函数

函数名	说明
AND	检查是否所有参数均为 TRUE，如果所有参数值为 TRUE,则返回 TRUE
FALSE	返回逻辑值为 FALSE
IF	判断一个条件是否满足，如果满足则返回一个值，不满足则返回另一个值
NOT	对参数的逻辑值求反：参数为 TRUE 返回 FALSE;参数为 FALSE 时返回 TRUE
OR	如果任一参数值为 TRUE，即返回 TRUE；只有当所有参数值均为 FALSE 时才返回 TRUE
TRUE	返回逻辑值为 TRUE

4.4 图表的创建

在 Excel 2010 中，创建专业外观的图表比数据更有说服力，选择图表类型、图表布局和图表样式，就可以创建简单的图表。Excel 2010 可以将工作表的数据做成各种类型图表，使数据看上去更加直观和生动，有利于理解，有助于用户分析和处理数据。当工作表数据源发生变化时，图表中的数据也会自动更新。

4.4.1 建立图表

图表是将工作表中的数据用图形来表示，使数据更直观。例如：在学生成绩表中的各门课程成绩用柱形图表示出来，如图 4-43 所示。

（1）建立图表的方法
建立图表的方法有以下三种。
方法一：要在工作表内显示图表，在工作表

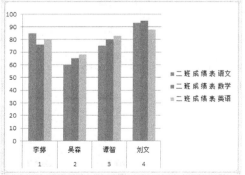

图 4-43 用柱形图表示学生成绩

上建立嵌入式图表。首先选中所要创建的数据区域，点击菜单栏上的"插入"选项卡，单击"图表"组中的"相对的图表类型"按钮，创建所选图表如图4-44所示。

图4-44 用"插入"选项卡创建图表

方法二：在工作簿的单独工作表上显示图表。首先选中所要创建的数据区域，按下F11快捷键，在新建的工作表中创建图表，如图4-45所示。

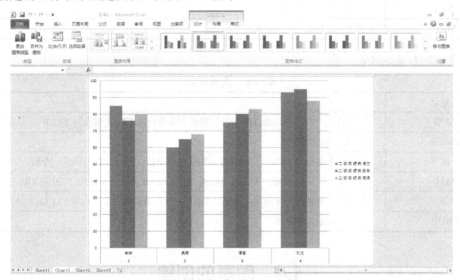

图4-45 用F11快捷键创建图表

方法三：在"插入图表"对话框中建立图表。首先选中所要创建的数据区域，点击"插入"选项卡，单击"图表"组右下角"对话框启动"按钮，打开"插入图表"对话框，选择图表类型，创建图表，如图4-46所示。

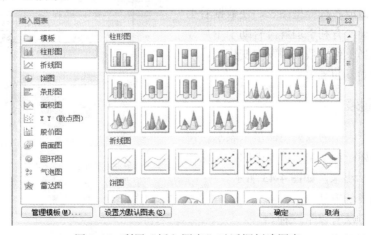

图4-46 利用"插入图表"对话框创建图表

(2)图表的类型

Excel 2010 提供了 14 种标准的图表类型,每一种都具有多种组合和变换。根据数据的不同和使用要求的不同,可以选择不同类型的图表。图表的选择主要同数据的形式有关,其次才考虑感觉效果和美观性。下面给出一些常见的图表。

① 柱形图。柱形图是由一系列垂直条组成,由于柱形图的各数据点不互相连接,主要适合数据间的横向比较。通常用来比较一段时间中两个或多个项目的相对尺寸。柱形图的图表比表格数据更加直观、形象。柱形图分为二维和三维两种。二维柱形图是 Excel 2010 默认的图表类型,如图 4-47 所示。

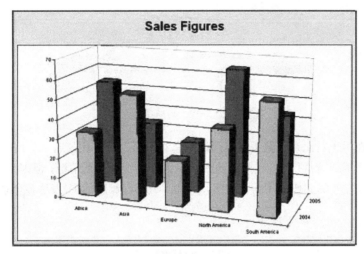

图 4-47　柱形图

② 条形图。条形图就是横向的柱形图,当图表的水平空间多于垂直空间时,条形图会比柱形图看得更清楚,如图 4-48 所示。

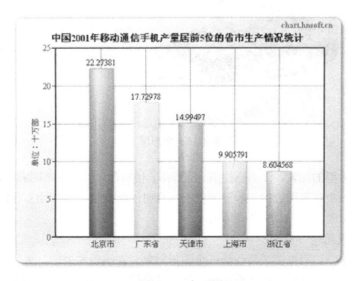

图 4-48　条形图

③ 折线图。折线图根据已知的几组相关数据,绘制出一条折线,主要用于显示数据的变化趋势,强调的是变化速率而不是变化量,如图 4-49 所示。

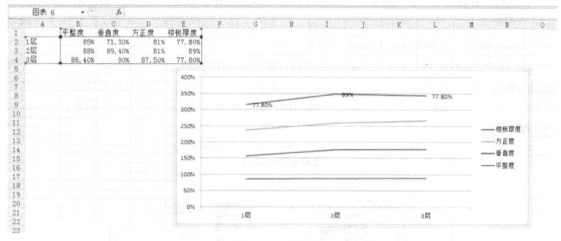

图 4-49 折线图

④ 饼形图。在用于对比几个数据在其形成的总和中所占百分比值时最有用。整个饼代表总和，每一个数用一个楔形或薄片代表。饼形图虽然只能表达一个数据列情况，但因为表达的清楚明了，又易学好用，所以在实际工作中用得比较多，如图 4-50 所示。如果想表达多个系列的数据时，可以用环形图。

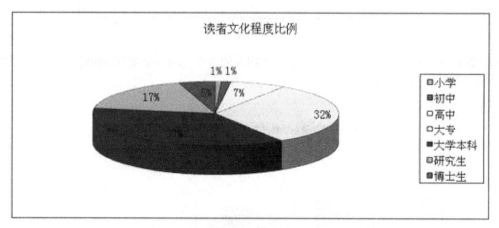

图 4-50 饼形图

还有其他一些类型的图表，比如圆柱图、圆锥图、棱锥图，都是条形图和柱形图变化而来的，没有突出的特点。以上只是图表的一般应用情况，有时一组数据，可以用多种图表来表现，那就要根据具体情况加以选择最贴切的图表类型。

（3）图表的构成元素

在 Excel 2010 中，可以把图表看作为一个图形对象，在编辑图表前，先了解一下图表的组成元素。图表主要有图表区和绘图区两个区域，每一部分就是一个图表项，如图表区、绘图区、标题、坐标轴、数据系列等，如图 4-51 所示。当鼠标器指针停留在图表的某个图表对象时，系统将显示该图表对象的名称。

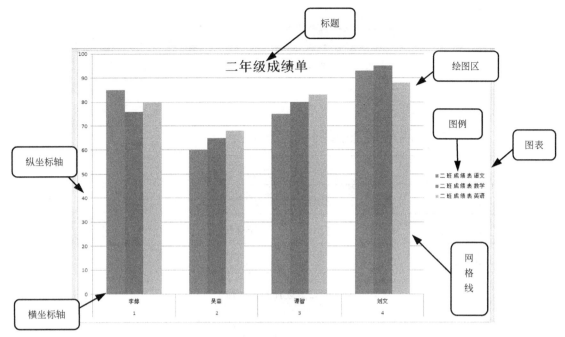

图 4-51 图表的组成

图表中常用的图表对象及其主要作用见表 4-7。

表 4-7 图表对象及其主要作用

对　象	作　用
图表区	该部分是指图表的中心区域，单击图表区可以选择整个图表
绘图区	图表整个绘制区域，显示图表中的数据状态
图表标题	用于显示统计图表的标题名称，能够自动与坐标轴对齐或居中于图表的顶端，在图表中起到说明性的作用
数据表	可以显示在图表中的表格，包含用来创建图表的数据
图例	用于标识绘图区中不同系列所代表的内容
坐标轴	为图表中绘制的数值提供刻度的直线，对于大多数图表，数据值沿数值轴绘制，数值轴通常是垂直的（Y 轴），数据分类点沿分类轴绘制，分类轴通常是水平的（X 轴）

4.4.2　编辑图表

（1）创建图表

在 Excel 2010 中创建图表既快速又简单，只需要选择数据区域，然后再选项组中单击需要的图表类型即可。

步骤一：打开如图 4-52 所示的 Excel 表格，选中需要生成图表的数据区域"A1：D4"。

步骤二：单击菜单栏上的"插入"选项卡，单击工具栏"图表"组右下角"对话框启动"按钮，打开"插入图表"对话框，如图 4-53 所示。

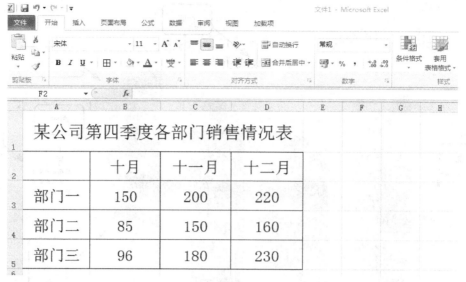

图 4-52 选择数据区域

图 4-53 利用"插入"菜单打开"插入图表"对话框

步骤三:默认"图表类型"为"柱形图",可以看到将得到的图表外观,如图 4-54 所示,直接单击"确定"按钮,将在当前工作表中得到生成的图表,如图 4-55 所示。

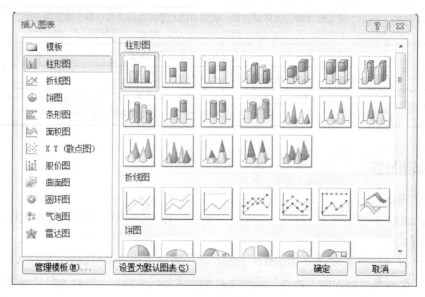

图 4-54 插入柱形图

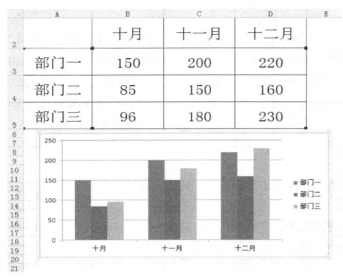

图 4-55 最后结果

（2）移动、改变图表的大小

① 移动图表。

有时希望移动图表到恰当的位置，让工作表看起来更美观，下面学习如何移动图表。

步骤一：单击图表，光标会变为"四向箭头"。

步骤二：按住鼠标左键不放移动鼠标，同时图表的位置随着鼠标的移动而改变。

步骤三：用这样的方法把图表移动到恰当的位置即可。

② 工作表中的图表，可以随意改变它们的大小。

方法一：图表的边框是显示了 8 个控制点，将光标定在任意一个控制点上，光标会变成双向箭头，然后用鼠标拖放就可以调整图表的大小。

方法二：选中图表，用鼠标在图表边框上单击右键，在弹出的快捷菜单中选择"设置图表区域格式"命令，打开"设置图表区域格式"对话框，选择"大小"选项卡，调节"高度"和"宽度"的微调按钮或直接输入数字调整图表大小。如图 4-56 所示。

图 4-56 修改工作表中的图表大小

（3）修改、添加和删除数据系列

① 修改、添加数据系列。选取图表，单击"图表工具"中"设计"选项卡的"选择数据"命令，打开"选择数据源"对话框，单击"编辑"或"添加"按钮，再打开"编辑数据系列"对话框，将光标定位在"系列名称"框中，可以直接修改和添加系列名称。另外将光标定位在"系列值"框中，可以直接修改和添加系列值，最后单击"添加"按钮关闭对话框，完成编辑数据系列的操作。

② 删除数据系列。选取图表，单击"图表工具"→"设计"选项卡→"选择数据"命令，在打开的"选择数据源"对话框中选择"图例项"中的一个要删除系列，单击"删除"按钮。

（4）更换图表的类型

当生成图表后，有可能希望查看数据在不同图表类型下的显示效果，即更换当前图表的类型，具体操作也是相当简单的。

步骤一：单击图表的边框，光标变为"四向箭头"，单击鼠标右键，在弹出的快捷菜单中选择"更改图表类型"命令，打开"更改图表类型"对话框。

步骤二：修改图表类型为"带数据标记的折线图"（图4-57），单击"确定"即可完成图表类型的修改，如图4-58所示。

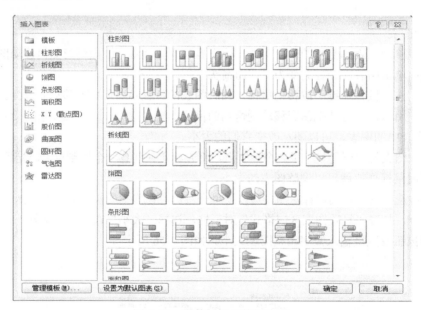

图 4-57　带数据标记的折线图

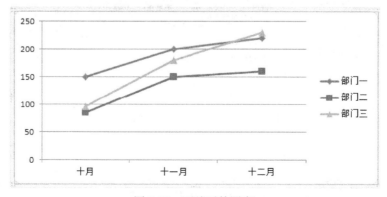

图 4-58　更改后的图表

（5）设置图表格式

① 设置标题格式。图表中的标题包括两种：图表标题和坐标轴标题。

步骤一：单击"布局"选项卡中的"图表标题"按钮，打开"居中覆盖标题"按钮，可以输入标题内容。

步骤二：单击"坐标轴标题"按钮，打开"主要纵坐标轴标题"按钮，输入"销售额（万元）"。如图 4-59 所示。

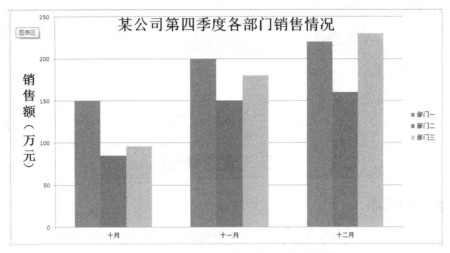

图 4-59　设置"图表标题"和"坐标轴标题"

② 设置数据标签。单击"数据标签"选项卡，打开"居中"按钮。如图 4-60 所示。

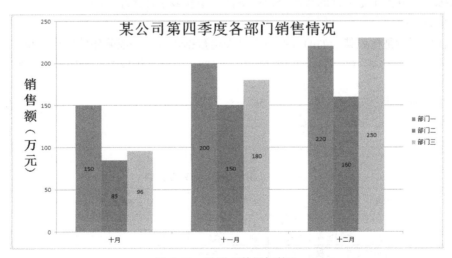

图 4-60　设置"数据标签"

③ 设置网格线格式。单击"网格线"选项卡，打开"主要横网格线"按钮，再点击"主要网格线和次要网格线"；打开"主要纵网格线"按钮，再点击"主要网格线和次要网格线"。

④ 设置图例格式。图例是显示数据系列的图案和文本说明，由图例项组成，每一个数据系列对应一个图例项。选中"图例"选项卡可以设置图例格式选项。

⑤ 设置数据表格式。数据表是附加在图表中的表格，用于图表的源数据，选中"模拟运算表"选项卡后，可以设置数据表格式选项。最后的结果如图 4-61 所示。

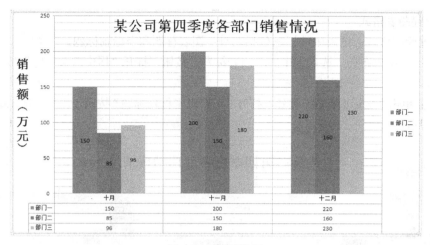

图 4-61　最后结果

4.5　数据管理

4.5.1　数据的排序

在 Excel 中为了将数据整理规范,排序是其中极为重要的一项功能。如果 Excel 当中没有了排序,那么做出来的报表信息就会被杂乱无章地放到一起,如果想找某一项信息只能从上到下的逐条去寻找,这样阅读起来效率较低,并不利于信息表格的展示。

在 Excel 2010 当中把数据的排序分为单条件排序和多条件排序两种。

(1) 单条件排序

单条件排序就是按照某一列的数据规则对表格数据进行升序或降序的操作。将"某大学 11 届学生期末考试成绩表"(如图 4-62 所示)中的数据按"计算机成绩"升序进行排列。

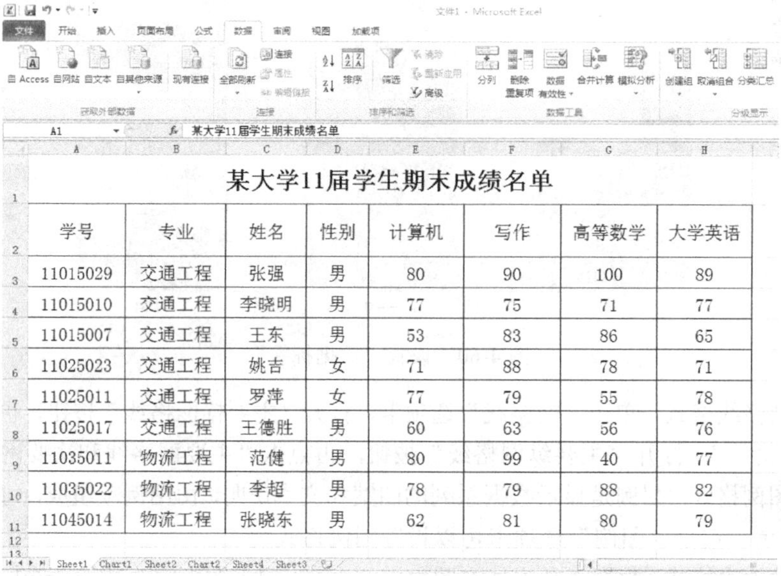

图 4-62　成绩表

步骤一：单击数据列表中的任意单元格，选择“数据”选项卡，然后点“排序”。如图 4-63 所示。

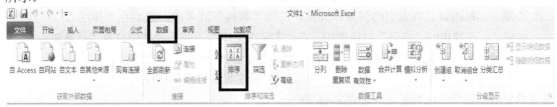

图 4-63　选择“数据”选项卡“排序”命令

步骤二：在弹出的“排序”对话框中，在“主要关键字”选择“计算机”，排序依据“数值”，次序“升序”，然后点“确定”。如图 4-64 所示。

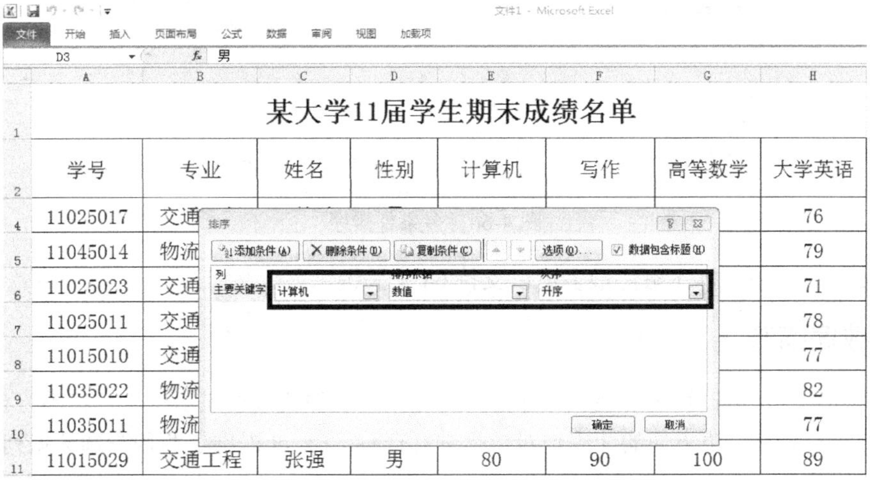

图 4-64　设置“排序”对话框

数据顺序就变成按“计算机”成绩由小到大进行排列的。如图 4-65 所示。

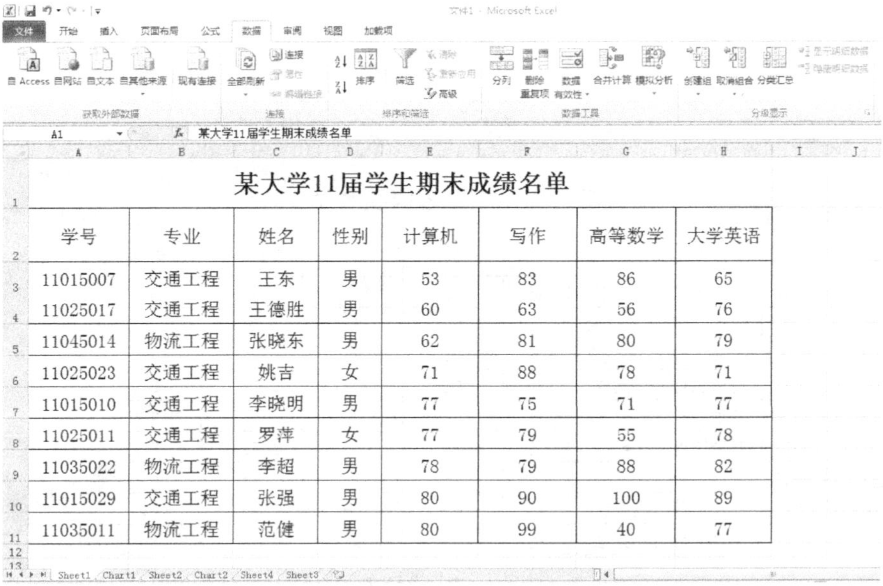

某大学11届学生期末成绩名单

学号	专业	姓名	性别	计算机	写作	高等数学	大学英语
11015007	交通工程	王东	男	53	83	86	65
11025017	交通工程	王德胜	男	60	63	56	76
11045014	物流工程	张晓东	男	62	81	80	79
11025023	交通工程	姚吉	女	71	88	78	71
11015010	交通工程	李晓明	男	77	75	71	77
11025011	交通工程	罗萍	女	77	79	55	78
11035022	物流工程	李超	男	78	79	88	82
11015029	交通工程	张强	男	80	90	100	89
11035011	物流工程	范健	男	80	99	40	77

图 4-65　排序后的成绩表

（2）多条件排序

多条件排序是按多列的数据规则对表格数据进行的排序操作。

步骤一：单击数据列表中的任意单元格，选择"数据"选项卡，然后点"排序"。

步骤二：在弹出的"排序"对话框中，在"主要关键字"下拉列表框中选择"计算机"，在添加好主要关键字后，单击"添加条件"按钮，此时在对话框中显示"次要关键字"，同设置"主要关键字"方法相同，在下拉菜单中选择"高等数学"。在设置好多列排序的条件后，单击"确定"即可看到多列排序后的数据表。如图 4-66 所示。

图 4-66　多条件排序

在 Excel 2010 中，排序条件最多可以支持 64 个关键字。

4.5.2　数据筛选

在管理数据时，通过筛选功能将工作表中满足某个条件的数据显示出来，将不符合条件的数据隐藏起来，这样可以更方便的让用户对数据进行查看。Excel 提供了两种筛选数据列表的命令。

（1）自动筛选

自动筛选适用于简单的筛选条件。在"某大学 11 届学生期末考试成绩"（如图 4-67 所示）中筛选出性别为"男"的数据。

学号	专业	姓名	性别	计算机	写作	高等数学	大学英语
11015007	交通工程	王东	男	53	83	86	65
11025017	交通工程	王德胜	男	60	63	56	76
11045014	物流工程	张晓东	男	62	81	80	79
11025023	交通工程	姚吉	女	71	88	78	71
11025011	交通工程	罗萍	女	77	79	55	78
11015010	交通工程	李晓明	男	77	75	71	77
11035022	物流工程	李超	男	78	79	88	82
11035011	物流工程	范健	男	80	99	40	77
11015029	交通工程	张强	男	80	90	100	89

图 4-67　成绩表

步骤一：单击数据列表中的任意单元格，选择"数据"选项卡，然后点"筛选"按钮。

步骤二：单击"性别"处的下拉按钮，在弹出的下拉列表中选择"男"数据，然后点击"确定"。

在数据表格中，如果单元格填充了颜色，使用 Excel 2010 还可以按照颜色进行筛选。

（2）高级筛选

如果条件比较多，可以使用"高级筛选"来进行。使用高级筛选功能可以一次把想要看到的数据都找出来。

例如数据表中想要把性别为男、专业为交通工程、写作成绩大于 76 分的人显示出来。

步骤一：单击"数据"选项卡中"排序与筛选"功能区的"高级"命令按钮（如图 4-68 所示），打开"高级筛选"对话框。

步骤二：在"方式"下，选中"将筛选结果复制到其它位置"的单选按钮（如图 4-69 所示）。

图 4-68　"高级"命令

图 4-69　"高级筛选"对话框

步骤三：单击"列表区域"右侧的"拾取器"按钮，进行单元格区域选取。

步骤四：单击"条件区域"右侧的"拾取器"按钮，选取输入的筛选条件单元格区域。

步骤五：单击"复制到"右侧的"拾取器"按钮，设置显示筛选结果的单元格区域。

步骤六：单击"确定"按钮，系统会自动将符合条件的记录筛选出来并复制到指定的单元格区域。

注意：若要通过隐藏不符合条件的行来筛选区域，请单击"在原有区域显示筛选结果"，系统会自动将符合条件的记录筛选出来并复制到指定的单元区域。

Excel 2010 高级筛选的关键之处在于正确地设置筛选条件，即建立条件区域。条件区域可以是通配符、文本、数值、计算公式和比较式。

在 Excel 2010 中，条件区域构造的规则是：同一列中的条件表示"或"，同一行中的条件表示"与"，还有"或"、"与"的复合条件，用公式创建条件等，使我们能有直观的认识。

4.5.3　分类汇总

分类汇总是 Excel 中最常用的功能之一，它能够快速地以某一个字段为分类项，对数据列表中的数值字段进行各种统计计算，如求和、计数、平均值、最大值、最小值、乘积等。

（1）基本分类汇总

"各部门工资统计表"，希望可以得出数据表中每个部门的员工实发工资之和。

步骤一：单击部门单元格，再单击数据标签中的升序按钮，把数据表按照“部门”进行排序。

步骤二：在数据标签中，单击分类汇总按钮，在这里的分类字段的下拉列表框中选择分类字段为“部门”，选择汇总方式为“求和”，汇总项选择一个“实发工资”，单击“确定”按钮。如图4-70所示。

图4-70　基本分类汇总

当点击“确定”后，就可以看到已经计算好各部门实发工资之和了。如图4-71所示。

在分类汇总中的数据是分级显示的，现在工作表的左上角出现了这样的一个区域 1 2 3，单击1，在表中就只有如图4-72这个总计项出现了。

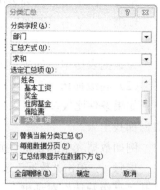

	A	B	C	D	E	F	G
1	各部门工资统计表						
2	部门	姓名	基本工资	奖金	住房基金	保险费	实发工资
3	办公室	陈鹏	¥ 800.00	¥ 700.00	¥ 130.00	¥ 100.00	¥ 1,270.00
4	办公室	王卫平	¥ 685.00	¥ 700.00	¥ 100.00	¥ 100.00	¥ 1,185.00
5	办公室	张晓环	¥ 685.00	¥ 600.00	¥ 100.00	¥ 100.00	¥ 1,085.00
6	办公室	杨宝春	¥ 613.00	¥ 600.00	¥ 100.00	¥ 100.00	¥ 1,013.00
7	**办公室 汇总**						¥ 4,553.00
8	财务处	连威	¥ 800.00	¥ 700.00	¥ 130.00	¥ 100.00	¥ 1,270.00
9	**财务处 汇总**						¥ 1,270.00
10	后勤处	林海	¥ 685.00	¥ 700.00	¥ 130.00	¥ 100.00	¥ 1,155.00
11	后勤处	刘学燕	¥ 613.00	¥ 600.00	¥ 100.00	¥ 100.00	¥ 1,013.00
12	**后勤处 汇总**						¥ 2,168.00
13	人事处	胡海涛	¥ 613.00	¥ 600.00	¥ 100.00	¥ 100.00	¥ 1,013.00
14	人事处	王川	¥ 613.00	¥ 700.00	¥ 100.00	¥ 100.00	¥ 1,113.00
15	人事处	许东东	¥ 800.00	¥ 700.00	¥ 130.00	¥ 100.00	¥ 1,270.00
16	人事处	艾芳	¥ 685.00	¥ 700.00	¥ 100.00	¥ 100.00	¥ 1,185.00
17	人事处	王小明	¥ 613.00	¥ 600.00	¥ 100.00	¥ 100.00	¥ 1,013.00
18	**人事处 汇总**						¥ 5,594.00
19	统计处	沈克	¥ 613.00	¥ 600.00	¥ 100.00	¥ 100.00	¥ 1,013.00
20	统计处	庄凤仪	¥ 800.00	¥ 700.00	¥ 130.00	¥ 100.00	¥ 1,270.00
21	统计处	沈奇峰	¥ 685.00	¥ 600.00	¥ 100.00	¥ 100.00	¥ 1,085.00
22	统计处	岳晋生	¥ 613.00	¥ 600.00	¥ 100.00	¥ 100.00	¥ 1,013.00
23	**统计处 汇总**						¥ 4,381.00
24	**总计**						¥ 17,966.00
25							

图4-71　汇总后的结果

	A	B	C	D	E	F	G
1	各部门工资统计表						
2	部门	姓名	基本工资	奖金	住房基金	保险费	实发工资
24	**总计**						¥ 17,966.00
25							

图4-72　仅剩下总计项

单击2，出现的是如图4-73所示结果，这样就可以清楚地看到各部门的汇总。

	A	B	C	D	E	F	G
1	各部门工资统计表						
2	部门	姓名	基本工资	奖金	住房基金	保险费	实发工资
7	**办公室 汇总**						¥ 4,553.00
9	**财务处 汇总**						¥ 1,270.00
12	**后勤处 汇总**						¥ 2,168.00
18	**人事处 汇总**						¥ 5,594.00
23	**统计处 汇总**						¥ 4,381.00
24	**总计**						¥ 17,966.00
25							
26							

图4-73　各部门汇总结果

单击 3，可以显示所有内容。

（2）多级分类汇总

如图 4-75 所示，"各部门工资统计表"，按每个部门统计基本工资和实发工资的平均值。

步骤一：单击"部门"单元格，再单击数据标签中的升序按钮，把数据表按照"部门"进行排序。

步骤二：在数据标签中，单击分类汇总按钮，在这里的分类字段的下拉列表框中选择分类字段为"部门"，选择汇总方式为"平均值"，汇总项选择"实发工资"和"基本工资"，同时不选择"替换当前分类汇总"，如图 4-74 所示。

步骤三：点击"确定"按钮后，所得的分类汇总表格如图 4-75 所示。

图 4-74 设置"分类汇总"对话框

图 4-75 多级分类汇总结果

4.5.4 创建数据透视表

数据透视表是一种对大量数据快速汇总和建立交叉列表的交互式动态表格，能帮助用户分析、组织数据。例如：计算平均数、标准差、建立列联表、计算百分比、建立新的数据子集等。建好数据透视表后，可以对数据透视表重新安排，以便从不同的角度查看数据。数据透视表可以从大量看似无关的数据中寻找背后的联系，从而将纷繁的数据转化为有价值的信息，以供研究和决策所用。

（1）创建数据透视表

数据透视表的创建只需要连接一个数据源，并输入报表的位置即可。

如图 4-76 所示，将"电脑辅助设备价格汇总表"中的数据统计每个财季的利润，可以结合条件式判断最低利润出自哪个财季，操作步骤如下。

每个财季产品销售的明细表

财季	销售城市	产品名称	成本	单价	数量	折扣	成交金额	利润	利润率	销售员
Q1	北京	键盘	135	180	20	0.19	2916	215	8.00%	金士鹏
Q1	北京	蓝牙适配器	81	108	20	0.14	1857.6	237.6	14.67%	金士鹏
Q2	北京	蓝牙适配器	81	108	95	0.25	7695	0	0.00%	金士鹏
Q2	北京	手写板	142.5	190	18	0.07	3180.6	615.5	24.00%	金士鹏
Q2	北京	鼠标	224.25	299	15	0.15	3812.3	448.5	-2.67%	金士鹏
Q3	北京	SD存储卡	217.5	290	7	0.15	1725.5	203	-1.33%	金士鹏
Q4	北京	SD存储卡	217.5	290	30	0.01	8613	2088	32.00%	金士鹏
Q3	上海	鼠标	224.25	299	56	0.15	14232	1674.4	-2.67%	金士鹏
Q3	上海	无线网卡	133.5	178	77	0.02	13432	3152.4	30.67%	金士鹏
Q1	天津	麦克风	74.25	99	42	0.05	3408.6	717.5	12.00%	金士鹏
Q2	天津	DVD光驱	180	240	10	0.13	2088	283	16.00%	金士鹏
Q2	天津	DVD光驱	180	240	20	0.04	4608	1008	28.00%	金士鹏
Q2	天津	键盘	135	180	15	0.18	2214	189	9.33%	金士鹏
Q2	天津	麦克风	74.25	99	62	0.15	5217.3	613.8	-2.67%	金士鹏
Q2	天津	手写板	142.5	190	42	0.21	6304.2	319.2	5.33%	金士鹏
Q2	天津	鼠标	224.25	299	6	0.25	1345.5	0	0.00%	金士鹏
Q2	天津	无线网卡	133.5	178	15	0.14	2296.2	293.7	14.67%	金士鹏
Q3	天津	SD存储卡	217.5	290	16	0.12	4083.2	603.2	17.33%	金士鹏
Q3	天津	键盘	135	180	22	0.21	3128.4	158.4	5.33%	金士鹏
Q4	天津	SD存储卡	217.5	290	8	0.01	2296.8	556.8	32.00%	金士鹏

图 4-76　电脑辅助设备价格汇总表

步骤一：打开"插入"标签，单击"数据透视表"按钮。

步骤二：打开创建"数据透视表"对话框，然后选择透视表的数据来源的区域，Excel 已经自动选取了范围，它的选取是正确的，这里不做什么改动。如图 4-77 所示。

步骤三：选择透视表放置的位置，选择新建工作表项，单击"确定"按钮。如图 4-78 所示。

图 4-77　设置"数据透视表"对话框

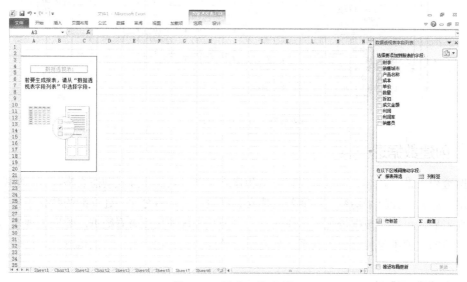

图 4-78　新建工作表项

步骤四：在要添加到报表的字段中选择财季，然后拖动产品名称、利润和数量字段到数值区域。此时，就可以看到每个财季的产品名称、利润和销售数量显示在数据透视表中。同时，在数据透视表中也可以直接看到利润和销售数量的汇总数目。如图 4-79 所示。

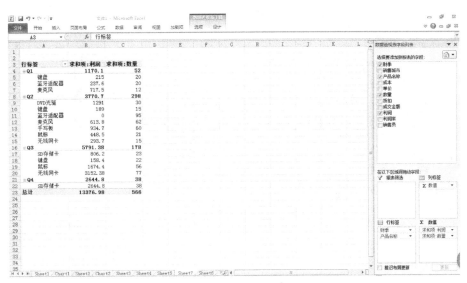

图 4-79 创建数据透视表

（2）编辑数据透视表

① 更改数据透视表的源数据。创建好数据透视表后，有时需要更改数据透视表中的源数据，操作步骤如下。

步骤一：选中数据透视表中的任意单元格，切换到"数据透视表工具/选项"选项卡。

步骤二：在"数据"组中单击"更改数据源"按钮下方的下拉按钮，在弹出的下拉列表中单击"更改数据源"选项。

② 添加数据字段。创建数据透视表后，若需要添加其他数据字段到透视表中。

步骤一：在"数据透视表字段列表"窗格的"选择要添加到表的字段"列表框。

步骤二：勾选各字段名称对应的复选框，这些字段将放置在数据透视表的默认区域中。

③ 隐藏数据字段。查看数据透视表中的数据时，为了更清晰地查看某一字段的数据，可以将其他字段隐藏起来。

步骤一：在数据透视表中，单击"行标签"或"列标签"右侧的下拉按钮。

步骤二：在弹出的下拉列表中取消勾选要隐藏的字段对应的复选框即可。

④ 在数据透视表中筛选数据。查看数据透视表中的数据时，可以通过隐藏数据字段来查看，也可以通过筛选功能筛选出要查看的数据，操作步骤如下。

步骤一：选中作为某类筛选条件的任意单元格，单击"行标签"或"列标签"右侧的下拉按钮。

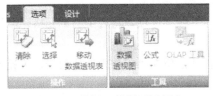

图 4-80 选择"数据透视图"

步骤二：弹出的下拉列表中单击"标签筛选"或"值筛选"选项，在弹出的对话框中设置筛选条件。

（3）创建数据透视图

可以根据数据透视表直接生成图表。

步骤一：点击"选项"标签，在下拉选项卡中点击"数据透视图"按钮，如图 4-80 所示。

步骤二：在弹出的对话框中选择图表的样式后，单击"确定"就创建出数据透视图。如图 4-81 所示。

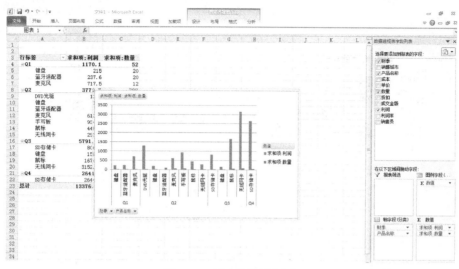

图 4-81　创建数据透视图

不难看出这个图表跟平时使用的图表基本一致，所不同的只是这里多了几个下拉箭头，单击"财季"的下拉箭头，这实际上是透视表中字段，选择"Q1"，可以看到图表中的数据也发生了变化，其它有很多在透视表中使用的方法也可以在这个图表中使用，把图表的格式设置一下，一个漂亮的报告图就完成了。

4.6　打印工作表

使用 Excel 制作的表格往往需要打印出来，如人事报表、统计报表、工资表等进行打印输出，因此，打印是学习 Excel 必须掌握的知识，本节主要介绍 Excel 中页面页脚的设置、缩放打印及如何插入和取消分页符。

4.6.1　设置打印格式

（1）页面设置

制作完成表格的编辑后，对页面的版式进行设置，以达到更完美的效果。

在页面设置的工作表中，切换到"页面布局"选项卡，在"页面设置"组中通过单击某个按钮进行相应的设置。如页边距、纸张方向、纸张大小、打印区域等。

① "页边距"。在弹出的下拉列表中选择页边距，以确定表格在纸张中的位置。

② "纸张方向"。在弹出的下拉列表中设置纸张方向。

③ "纸张大小"。在弹出的下拉列表中设置纸张大小。

④ "打印区域"。在弹出的下拉列表中单击"设置打印区域"选项，将选中的单元格区域设置为打印区域，以便在打印时打印该区域。

⑤ "打印标题"。在弹出的"页面设置"对话框中，自动定位在"工作表"选项卡，可设置是否打印网格线、行号和列标等。

（2）设置页眉、页脚

在 Excel 2010 工作表的"页面布局"视图中可以方便地添加和编辑页眉和页脚，并且可以选择页眉和页脚的位置（左侧、中间、右侧），操作步骤如下：

步骤一：打开 Excel 2010 工作表窗口，切换到"视图"功能区。在"工作簿视图"分组中单击"页面布局"按钮。

步骤二：在 Excel 2010 工作表页面顶部单击"单击可添加页眉"文字提示，可以直接输入页眉文字，并且可以在"开始"功能区中设置文字格式。单击打开的"页眉和页脚工具"设计功能区，可以插入页码、页脚、图片或当前时间等控件。除此之外，还可以设置"首页不同、奇偶不同"等选项。

步骤三：默认情况下，直接单击输入的页眉文字位于页面顶端居中位置。可以单击默认页眉位置的左、右两侧文本框，在页面顶端左侧或右侧插入页眉。在 Excel 工作表中插入页脚的方法跟插入页眉完全相同。

4.6.2 打印工作表

表格制作完成后，要将其打印出来。在打印出来以前可通过打印预览查看打印的效果，以确保符合需求。

（1）打印预览

在打印的工作表中，切换到"文件"选项卡，单击左侧窗格中的"打印"命令，如图 4-82 所示，这时，在右侧窗格中预览到打印的效果。

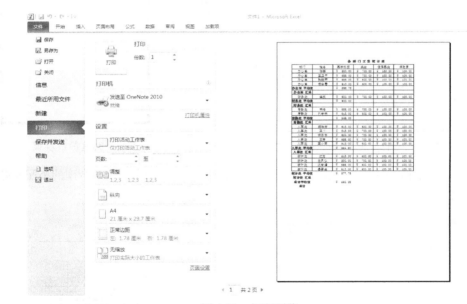

图 4-82　打印预览

完成预览后若确认无误，可单击中间窗格的"打印"按钮进行打印。若工作表中还有进行修改的问题，单击"文件"标签或其他选项卡中的标签返回工作表。

（2）打印输出

确认工作表中的内容和格式都无误，就可以开始进行打印工作了，操作步骤如下。

步骤一：切换到打印的工作表，点击"文件"选项卡，在左侧窗格中单击"打印"命令，在中间窗格的"份数"微调框中可设置打印份数；以及下面打印的选择，一般直接选择是默认打印机；在打印机属性中，可以设置纸张的方向，或者也可以先不设置。如图 4-83 所示。

步骤二：在设置中基本上是整个打印属性的所在。打印又分为仅打印活动工作表（就是处于编辑状态中的工作表）、打印整个工作簿（就是你所打开的文件里面所有的文件不管是不是一个工作表中的数据都会被打印)、打印选中区域(就是你自己选定的区域才会被打印)三种,所以在打印的时候一定要选择清楚,避免不必要的浪费。

步骤三:打印的文件如果有很多页面,但是需要的仅是其中的一部分,可以设置打印页数的限制,减少麻烦和浪费;在下面也可以看到有很多设置,比如打印的方向、纸张大小、页边距设置、是否缩放等,可以按照自己的实际需要去设置。如图 4-84 所示。

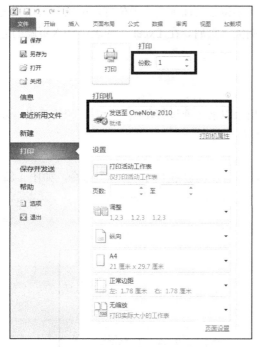

图 4-83　设置打印份数和打印机类型　　　　图 4-84　其它参数设置

步骤四:在属性设置中它的功能更加的强大与完善,你可以设置一切,合理的搭配才能打印出好的工作表。如图 4-85 所示。

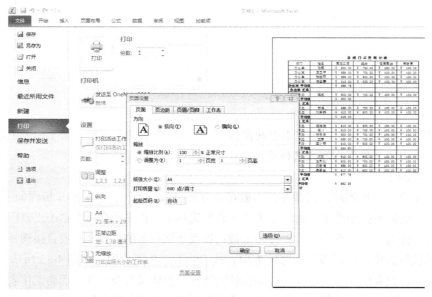

图 4-85　页面设置

课后习题

1. 填空题

（1）在 Excel 2010 中，除了可以直接在单元格中输入函数外，还可以单击编辑栏上的（　　）按钮来输入函数。

（2）Excel 2010 工作簿文件的扩展名为（　　）。

（3）在 Excel 2010 中一个新建的工作簿在初始状态下只有（　　）张空白工作表，用户可以根据需要在工作簿中进行工作表的（　　）和（　　）。

（4）单击"常用"工具栏上的（　　）按钮，可显示（　　）工具栏，利用该工具栏上的工具，可绘制出各种图形。

（5）工作表的格式化包括（　　）的格式化和（　　）的格式化。

（6）Excel 2010 可以根据数字、字母和日期等顺序排列数据，排序有（　　）和（　　）两种。

（7）Excel 2010 提供了四种筛选命令：（　　）、（　　）、（　　）和（　　）。

（8）利用 Excel 2010 提供的高级筛选功能，不仅能筛选出同时满足（　　）或（　　）以上约束条件的数据，还可以通过已经设置好的条件来对工作表中的数据进行筛选。

2. 选择题

（1）在 Excel 中，要在同一工作簿中把工作表 sheet3 移动到 sheet1 前面，应（　　）。
　　A．单击工作表 sheet3 标签，并沿着标签行拖动到 sheet1 前
　　B．单击工作表 sheet3 标签，并按住 Ctrl 键沿着标签行拖动到 sheet1 前
　　C．单击工作表 sheet3 标签，并选"编辑"菜单的"复制"命令，然后单击工作表 sheet1 标签，再选"编辑"菜单的"粘贴"命令
　　D．单击工作表 sheet3 标签，并选"编辑"菜单的"剪切"命令，然后单击工作表 sheet1 标签，再选"编辑"菜单的"粘贴"命令

（2）Excel 工作表最多可有（　　）列。
　　A．65535　　　　B．256　　　　C．255　　　　D．128

（3）在 Excel 中，给当前单元格输入数值型数据时，默认为（　　）。
　　A．居中　　　　B．左对齐　　　C．右对齐　　　D．随机

（4）在 Excel 工作表单元格中，输入下列表达式（　　）是错误的。
　　A．=（15-A1）/3　　B．=A2/C1　　C．SUM(A2:A4)/2　　D．=A2+A3+A4

（5）当向 Excel 工作表单元格输入公式时，使用单元格地址 D$2 引用 D 列 2 行单元格，该单元格的引用称为（　　）。
　　A．交叉地址引用　B．混合地址引用　C．相对地址引用　D．绝对地址引用

（6）Excel 工作簿文件的类型是（　　）。
　　A．TXT　　　　B．XLS　　　　C．DOC　　　　D．WKS

（7）在 Excel 工作簿中，有关移动和复制工作表的说法，正确的是（　　）。
　　A．工作表只能在所在工作簿内移动，不能复制

B. 工作表只能在所在工作簿内复制，不能移动

C. 工作表可以移动到其它工作簿内，不能复制到其它工作簿内

D. 工作表可以移动到其它工作簿内，也可以复制到其它工作簿内

（8）在 Excel 中，日期型数据"2003 年 4 月 23 日"的正确输入形式是（　　）。

A. 23-4-2003　　　B. 23.4.2003　　　C. 23，4，2003　　　D. 23：4：2003

（9）在 Excel 工作表中，单元格区域 D2:E4 所包含的单元格个数是（　　）。

A. 5　　　　　　B. 6　　　　　　C. 7　　　　　　D. 8

（10）在 Excel 工作表中，选定某单元格，单击"编辑"菜单下的"删除"选项，不可能完成的操作是（　　）。

A. 删除该行　　　　　　　　　B. 右侧单元格左移

C. 删除该列　　　　　　　　　D. 左侧单元格右移

（11）在 Excel 中，关于工作表及为其建立的嵌入式图表的说法，正确的是（　　）。

A. 删除工作表中的数据，图表中的数据系列不会删除

B. 增加工作表中的数据，图表中的数据系列不会增加

C. 修改工作表中的数据，图表中的数据系列不会修改

D. 以上三项不正确

（12）若在数值单元格中出现一连串的"####"符号，希望正常显示则需要（　　）。

A. 重新输入数据　　　　　　　B. 调整单元格的宽度

C. 删除这些符号　　　　　　　D. 删除该单元格

（13）执行"插入→工作表"菜单命令，每次可以插入（　　）个工作表。

A. 1　　　　　　B. 2　　　　　　C. 3　　　　　　D. 4

（14）在图表中要增加标题，在激活图表的基础上，可以（　　）。

A. 执行"插入→标题"菜单命令，在出现的对话框中选择"图表标题"命令

B. 执行"格式→自动套用格式化图表"命令

C. 按鼠标右键，在快捷菜单中执行"图表标题"菜单命令，选择"标题"选项卡

D. 用鼠标定位，直接输入

（15）在完成了图表后，想要在图表底部的网格中显示工作表中的图表数据，应该采取的正确操作是（　　）。

A. 单击"图表"工具栏中的"图表向导"按钮

B. 单击"图表"工具栏中的"数据表"按钮

C. 选中图表，单击"图表"工具栏中的"数据表"按钮

D. 选中图表，单击"图表"工具栏中的"图表向导"按钮

综合实训

实训一　Excel 2010 格式化表格练习

【实训目的】

1. 熟练掌握 Excel 2010 表格的建立；

2. 熟练掌握 Excel 2010 表格的格式化操作。

【内容步骤】

在图4-86所示的工作表中,按要求完成操作。

1. 打开Excel 2010将sheet1工作表重命名为:"学生成绩统计表",并将其标签设置为黄色。
2. 输入表格数据,数据格式为宋体、11号。并设置表格内框线为实细线,外框线为粗实线,垂直和水平方向居中对齐,列宽为8,行高为10。
3. 在"名次"一列的前面插入一列称为总分。
4. 添加标题行"学生成绩统计表"格式为楷体、20号、红色粗体、居中;添加金黄色底纹。
5. 设置完成后,将工作簿保存到D盘下,文件名称为"练习4-1.xls"工作簿。

	A	B	C	D	E	F	G
1	编号	姓名	语文	数学	英语	政治	名次
2	1	王大伟	70	57	66	74	
3	2	李博	74	66	95	80	
4	3	程小霞	58	75	67	72	
5	4	马宏军	67	60	78	89	
6	5	李玫	74	85	85	63	
7	6	丁一平	90	86	88	90	
8	7	张珊珊	85	93	91	86	
9	8	刘亚萍	88	59	78	64	
10	9	李平	80	68	61	89	
11	10	张山	74	68	95	80	

图4-86 学生成绩统计表

实训二 Excel 2010 表格数据管理和操作

【实训目的】
1. 熟练掌握Excel 2010表格的建立与编辑;
2. 熟练掌握Excel 2010数据库的管理和操作;
3. 熟练掌握Excel 2010工作表的页面设置。

【内容步骤】
在图4-87所示的工作表中,按要求完成操作。

	A	B	C	D	E	F	G	H	I
1					在职职工工资表				
2	序号	姓名	性别	年龄	职称	基本工资	奖金	补贴	工资总额
3	1	王安全	男	42	工程师	1315	253	100	
4	2	刘景	女	40	工程师	1285	230	100	
5	3	刘敏	女	47	高工	2490	300	200	
6	4	李小云	女	27	工人	800	100	0	
7	5	陈立新	男	45	高工	2500	320	300	
8	6	赵坚强	男	37	工程师	1390	240	150	
9	7	林芳芳	女	49	高工	2500	258	200	
10	8	吴道	男	38	工程师	1300	230	100	
11	9	杨高兴	男	28	工人	830	100	0	
12	10	郑文俊	男	49	高工	2450	280	200	
13	11	徐仁	男	22	工人	800	100	0	
14	12	何国华	男	28	技术员	1080	220	80	
15	13	宋晓	女	35	工程师	1360	240	100	

图4-87 在职职工工资表

1. 打开文件名为"练习4-2.xls"的工作簿。

2. 将 sheet1 工作表改名为"在职职工工资表",并将其数据复制到 sheet2 和 sheet3。

3. 在"在职职工工资表"中计算每个职工的"工资总额"。

4. 在 sheet2 中,按职称的升序排列,职称相同的按工资总额的降序排列,然后按职称进行分类汇总,计算出"工资总额"的平均值。

5. 利用筛选功能将"在职职工工资表"中基本工资在 1200~1500 的职工记录筛选出来并复制到 sheet4 中。

6. 设置"在职职工工资表"打印纸张的方向为"横向"打印,设置页边距,上下边距为 3cm,左右边距为 2cm,并进行打印预。

实训三 Excel 2010 制作数据图表

【实训目的】

1. 熟练掌握创建数据图表。
2. 格式化数据图表。

【内容步骤】

在图 4-88 所示的工作表中,按要求完成操作。

	A	B	C	D	E	F
1	百货商场年度销售统计表					
2						(万元)
3		一季度	二季度	三季度	四季度	小计
4	电脑	105	115	165	218	603
5	空调	73	105	175	115	468
6	彩电	164	119	145	187	615
7	冰箱	54	65	137	82	338
8	洗衣机	139	118	92	155	504
9	DVD机	155	128	143	175	601
10	合计	690	650	857	932	3129

图 4-88 百货商场年度销售统计表

1. 分别制作每种家电 4 个季度销售的"分裂的饼图"。
2. 制作 4 个季度的"圆环图"。
3. 图表字体设置为仿宋、加粗、字号 14;图表区域颜色设置为灰色(50%),图例的字号设置为 10,将其放置底部。

第 5 章

PowerPoint 2010

本章学习要点

1. 了解 PowerPoint 2010 的基本功能,掌握 PowerPoint 2010 的窗口界面。
2. 使用多种方法创建演示文稿。
3. 掌握制作幻灯片的操作方法。
4. 熟练掌握超链接的创建及动作按钮的设置。
5. 掌握设置幻灯片的切换方式。
6. 能够将演示文稿打包并播放。

5.1 PowerPoint 2010 入门

PowerPoint(简称 PPT)是办公软件 Office 中的演示文稿软件,主要用于设计、制作、演示具有多媒体因素的各类电子演示文稿。使用 PowerPoint,可以将文字、图形、图像、表格、音频、视频、动画等多种媒体内容有机地结合成演示文稿,通过投影仪播放,同时也适用于互联网播放。

5.1.1 PowerPoint 2010 简介

与 PowerPoint 2003 相比,PowerPoint 2010 在原有功能的基础上提供了比以往更多的图片效果应用及更加丰富的特效,同时支持直接嵌入和编辑视频文件,可以高效地帮助用户完成演讲、教学以及产品演示等多项功能,使用新增的 SmartArt 功能可以快速地创建图表演示文稿。

5.1.2 PowerPoint 2010 窗口界面

(1) PowerPoint 2010 启动与退出

① 启动

方法一:单击"开始"菜单,选择"所有程序"→Microsoft Office→Microsoft PowerPoint 2010。

方法二:在 Windows 桌面双击 PowerPoint 文件,同样可以启动 PowerPoint 2010。

② 退出

方法一:单击功能区"文件"选项卡,再单击"退出"。

方法二:单击标题栏的关闭按钮" ✕ "。

方法三：按键盘上的"ALT+F4"组合键。

（2）窗口

启动 PowerPoint 2010 后，可以看到如图 5-1 所示的 PowerPoint 2010 窗口界面。

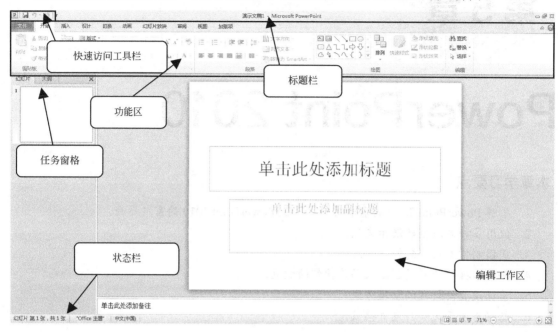

图 5-1　PowerPoint 2010 窗口组成

PowerPoint 2010 窗口与 Word 窗口相似，由标题栏、快速访问工具栏、功能区、编辑工作区、任务窗格、状态栏六个部分组成（学生可尝试自行填写）。

① 标题栏。位于整个操作界面的最顶端中间位置，显示当前活动文稿及应用程序名称，右侧显示三个窗口控制按钮，分别实现将 PowerPoint 2010 的窗口最小化、最大化/还原及关闭功能。

② 快速访问工具栏。位于标题栏左侧，用以放置在制作演示文稿时较常用到的命令按钮，在默认状态下，快速访问工具栏用于存放"保存"、"撤销"及"重复"按钮。若要添加其他按钮，只需左键单击快速访问工具栏靠右侧三角按钮并在下拉列表中选择即可，同时可通过本下拉列表改变快速访问工具栏的位置，如图 5-2 所示。

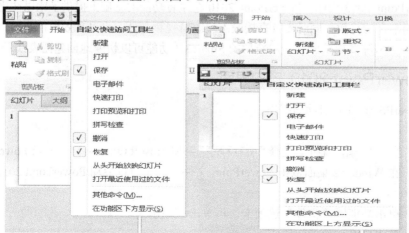

图 5-2　快速访问工具栏

③ 功能区。功能区是用户对幻灯片进行编辑修改的命令区，位于标题栏与快速访问工具栏下方，如图 5-3 所示。PowerPoint 2010 将大部分命令分类放置在不同的组中，再将多个组组合在一起，归于同一选项卡下，单击不同的选项卡标签，可切换功能区中显示的命令。总的说来，功能区将常用命令存放在文件、开始、插入、设计、切换、动画、幻灯片放映、审阅、视图等多个选项卡中，其中每个选项卡的功能如下。

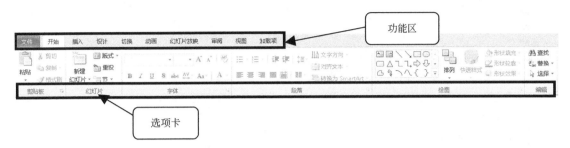

图 5-3　PowerPoint 2010 窗口功能区

a. "文件"选项卡用于新文件的创建、打开、保存及打印。
b. "开始"选项卡用于插入新幻灯片、组合对象及设置文本格式。
c. "插入"选项卡用于在演示文稿中插入表格、图形、形状、页眉页脚等。
d. "设计"选项卡用于设计演示文稿的背景、主题及页面设置等。
e. "切换"选项卡用于对幻灯片进行应用、更改或删除切换效果。
f. "动画"选项卡用于对幻灯片上的操作对象进行应用、更改或删除动画效果。
g. "幻灯片放映"选项卡用于幻灯片放映、自定义放映设置及隐藏幻灯片。
h. "审阅"选项卡用于拼写检查、更改文稿语言或比较当前活动文稿与其他文稿的差异。
i. "视图"选项卡用于查看幻灯片母版、备注母版、幻灯片浏览及开关标尺、网格线和绘图指导等。

④ 编辑工作区。是编辑幻灯片的最重要的区域，用以对幻灯片进行编辑操作。区域内包含标题占位符、文本占位符和内容占位符。

⑤ 任务窗格。利用"幻灯片"窗格或"大纲"窗格可以完成快速查看和选择演示文稿中的幻灯片的功能。其中"幻灯片"窗格用以显示幻灯片的缩略图，单击缩略图便可选中该幻灯片，并对其进行编辑操作。"大纲"窗格用以显示幻灯片的文本大纲。

⑥ 状态栏。位于程序窗口的最底端，用以显示文稿信息，包含当前幻灯片、总幻灯片数、主题名称、语言类型、视图按钮、缩放级别按钮、显示比例调整滑块，可以用来实现应用程序的快速启动，多个程序之间的切换及时间设定等操作，如图 5-4 所示。

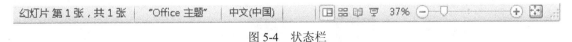

图 5-4　状态栏

5.1.3　PowerPoint 2010 的创建与保存

（1）创建演示文稿

一般地，打开窗口界面后要创建一个新的演示文稿才能对其中的幻灯片进行接下来的编辑工作，PowerPoint 2010 最常用的创建演示文稿有以下四种方式。

① 创建"空白演示文稿"

方法一：启动 PowerPoint 2010，系统会自动创建一个以"演示文稿 1"为命名的空白演示文稿。

方法二：单击功能区"文件"选项卡，后单击"新建"命令，选择空白演示文稿再单击创建，如图 5-5 所示。

图 5-5　创建空白演示文稿

② 利用"样本模板"创建演示文稿。模板是系统提供给用户的预先配置，主要是将设置演示文稿所需文本、页面结构、图形、配色方案等元素结合在一起，由用户选择、修改。好的模板可以提升文稿形象，增加可观赏性，使演示文稿的思路更加清晰、逻辑更加严谨。

单击功能区"文件"选项卡，后单击"新建"命令，再选择"样本模板"就会出现如图 5-6 所示的多种类型样本模板，除了预先设置的这些样本模板外，还可以直接在 Office.com 网站下载更多模板。

图 5-6　PowerPoint 2010 部分样本模板

如图 5-7 所示是一个相册模板，内含样本照片，用户只需将自己的照片替换就可以快速创建一个相册。图 5-8 所示是一个项目模板，其中包含文本及图表，用户只需根据自身要求添加删除幻灯片或者替换文本及图表内容就可以完成演示文稿。

图 5-7　相册模板

图 5-8　项目模板

③ 利用"主题"创建演示文稿。主题是用来设置演示文稿外在形象的集合，用以保证演示文稿的风格及色调的统一。

单击功能区"文件"选项卡，后单击"新建"命令，再选择"主题"，就会出现如图 5-9 所示的部分主题选项，然后选择其中的一个。

④ "根据现有内容"创建演示文稿。PowerPoint 2010 支持重复编辑，用户可以使用此功能打开已经保存过的演示文稿。

单击功能区"文件"选项卡，选择"新建"命令，点击可用的模板和主题里"根据现有内容新建"选项，就能够打开"根据现有文件新建"对话框，如图 5-10 所示。用户自主选择需要的文稿，单击"新建"按钮就可以根据现有的演示文稿内容新建演示文稿。

图 5-9　PowerPoint 2010　部分主题

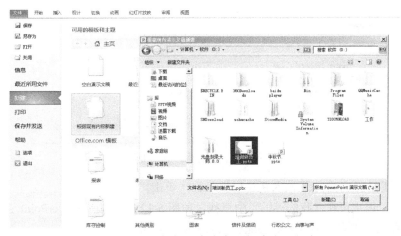

图 5-10　"根据现有内容"创建演示文稿

（2）演示文稿的视图方式

① 普通视图。在该视图中，可以设置每张幻灯片的主题，修改标题及备注，调整占位符尺寸。

② 幻灯片浏览视图。在该视图下可以同时显示多张幻灯片，可以浏览整个演示文稿，可以随意添加、删除、移动和复制幻灯片，同时可以设置幻灯片的放映时间、选择动画切换方式等。

③ 备注页视图。在该视图下，用户可以在幻灯片缩略图的下方备注页方框内输入用户的备注信息。

④ 阅读视图。在该视图下显示的是观众看到的效果，若用户想不借助投影观看演示文稿的效果，则可以选择本视图。

（3）保存演示文稿

演示文稿创建编辑好后，要保存成文件的形式方便日后演示、修改、打印等，否则关机或断电后演示文稿的内容自动消失。为了避免这类情况发生，尤其要对已经编辑演示文稿进行保存，其扩展名为".pptx"。具体的操作方法如下。

方法一：单击快速访问工具栏上的"保存 🖫 "按钮。

方法二：单击功能区"文件"选项卡，再单击保存。

方法三：按键盘上的 CTRL+S 组合键。

另外，用户编辑好的文稿也可以保存成模板的形式，以方便日后重复使用，其扩展名为".potx"，具体操作如下。

步骤一：单击功能区"文件"选项卡，单击"另存为"。

步骤二：在"另存为"对话框中，将"保存类型"设置成"PowerPoint 模板"。这时保存路径直接设置为"AppData\Roaming\Microsoft\Templates"，如图 5-11 所示。

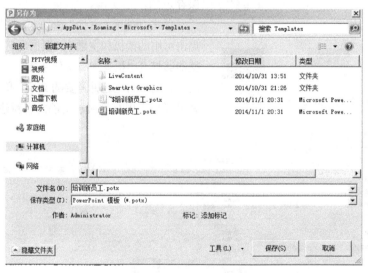

图 5-11 "另存为"对话框

步骤三：用户在文件名位置输入新建模板名称，单击"保存"按钮。

模板保存后，用户可在"我的模板"中查找，如图 5-12 所示。在 PowerPoint 2010 中，系统允许将文稿保存成老版本，不过新加功能和效果将随之消失。

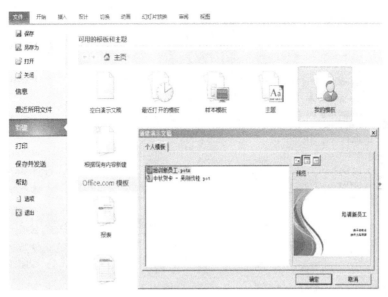

图 5-12　我的模板内容

5.2　制作幻灯片

5.2.1　幻灯片版式

（1）版式

"版式"指的是幻灯片内容在幻灯片上的排列方式。使用幻灯片版式可以更加合理地完成文字、图片的排列，使操作更加简单。一般来说，版式就是幻灯片内各种占位符的布局形式，幻灯片版式由一个或几个占位符组成。PowerPoint 2010 系统提供了"标题幻灯片"、"标题和内容"等多种版式，如图 5-13 所示。具体操作如下。

方法一：
步骤一：选择"普通"视图方式，在幻灯片/大纲窗格单击"幻灯片"选项卡；
步骤二：选中待设置版式的幻灯片；
步骤三：在"开始"选项卡中幻灯片组单击"版式"后选择需要的版式。
方法二：用鼠标右键单击待设置的幻灯片，在弹出的快捷菜单中选择"版式"项后选择需要的版式。如图 5-14 所示。

（2）母版

幻灯片母版是用来储存关于模板信息的一种设计模板，其中包含演示文稿的样式、项目符号、字体的类型和大小、背景设计及填充、配色方案等信息的元素集合。更形象点地说，母版就是一张画布而用户设计母版的过程就是在画布上作画，画布上的内容只有在编辑母版的时候才能修改，一般编辑状态不可修改母版，使用幻灯片母版的意义在于进行全局更改，并将更改应用到演示文稿的所有幻灯片中，以确保幻灯片的风格统一并大大节约了时间。

在功能区"视图"选项卡下"母版视图"组内单击"幻灯片母版"命令，就会进入幻灯片母版编辑视图。一般演示文稿的母版由 1 张主母版和 11 张幻灯片版式母版组成。如图 5-15 所示，用户可以在"幻灯片母版"选项卡中对母版进行编辑美化等操作。

图 5-13　幻灯片版式　　　　　　　　图 5-14　右键快捷菜单

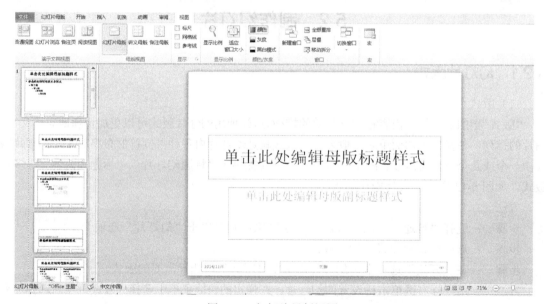

图 5-15　幻灯片母版视图

5.2.2　添加文本对象

在 PowerPoint 中不可随意输入文字信息，文本内容需要有载体才可以填充到页面内，下面介绍几种添加文本对象的方法。

（1）在占位符输入文本对象

占位符顾名思义是先占好位置等待向内填充内容。应用于幻灯片上则表现为一个虚线框，框内有"单击此处添加标题"之类的提示语，用户根据提示内容填充文本，如图 5-16 所示。PowerPoint 的占位符共有五种类型：标题占位符、文本占位符、数字占位符、日前占位符和页脚占位符。在占位符输入文本对象时只需单击占位符中任意位置，当光标变成编辑状态录入文本信息内容即可。若单击占位符的外框虚线，即选定当前占位符，可对其进行移动、复制、删除、粘贴及调整大小等操作。

（2）插入文本框

在占位符内输入文本的方式虽然简单，但是受幻灯片版式的影响，输入的位置有局限。选择插入文本框的方式就减少了这种不便，可以将文本框放置在幻灯片的任意位置。只需要在功能区"插入"选项卡中"文本"一组内选择文本框，而文本框只有横排和竖排两种形式。需要注意的是，占位符内可以没有内容但是文本框内不能没有内容。

图5-16　占位符

（3）在自选图形中输入文本对象

用户还可以在自选图形中添加文本内容，这时文本将作为自选图形的一部分随意旋转、移动。单击功能区"插入"选项卡中"插图"组的形状，会弹出形状对话框，选择要添加形状然后向其中添加文本。

用户添加好文本以后还要对其内容进行字体或段落的格式化，其操作方式与 Word 相同。

5.2.3　添加图形对象

在演示文稿中，使用图形对象传达信息要比文本对象好用得多，一些好的图形信息可以提升整个幻灯片的视觉效果，使幻灯片更加美观、简洁，吸引他人眼球，因此向幻灯片内添加图形对象就显得十分必要。用户可以向幻灯片内添加如下几类图形对象。

（1）插入图片

步骤一：单击功能区"插入"选项卡中的"图像"组，选择"图片"命令后弹出"插入图片"对话框，如图5-17所示。

图5-17　"插入图片"对话框

步骤二：选定需要的图片后，单击"插入"即可。

步骤三：右键选定插入的图片，在弹出的快捷菜单中选择"设置图片格式"对插入图片进行编辑操作，如图 5-18 所示。

（2）插入图形

步骤一：单击功能区"插入"选项卡中"插图"组，单击"形状"命令下拉按钮，在弹出的下拉菜单中选择合适的形状，如图 5-19 所示。

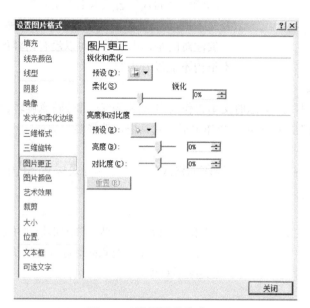

图 5-18　设置图片格式　　　　　　　图 5-19　插入形状菜单

步骤二：在幻灯片内选择合适位置，单击鼠标插入图形。

步骤三：右键选定插入的图形，在弹出的快捷菜单中选择"设置形状格式"对插入图形进行编辑操作。

（3）插入 SmartArt 图形

步骤一：单击功能区"插入"选项卡中"插图"组，单击"SmartArt"命令。

步骤二：在弹出的"选择 SmartArt 图形"对话框内选择需要插入幻灯片中的图形，点击右下角的确定按钮，将图形插入幻灯片中，如图 5-20 所示。

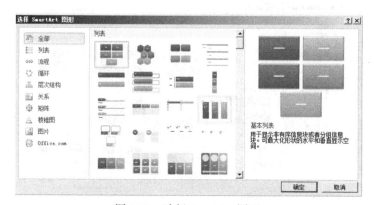

图 5-20　选择 SmartArt 图形

步骤三：插入 SmartArt 图形后在菜单栏中会多一个"SmartArt 工具"项，可利用其中的"设计"、"格式"选项卡对添加的 SmartArt 图形进行编辑修改操作，如图 5-21 所示。

图 5-21　SmartArt 工具

（4）插入艺术字

步骤一：单击功能区"插入"选项卡中"文本"组，单击"艺术字"下拉按钮，如图 5-22 所示；

步骤二：在弹出的下拉菜单中选择需要插入的艺术字类型，在出现的"请在此放置您的文字"对话框内编辑文字。

步骤三：选定插入的艺术字后，在功能区出现"绘图工具"项，可利用"格式"选项卡对插入的艺术字进行编辑修改，如图 5-23 所示。

PowerPoint 2010 支持将现有文字转变成艺术字，只要先选定要转为艺术字的文字，再选择"插入"选项卡中"艺术字"按钮就可将现有文字转换成艺术字。

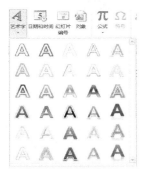

图 5-22　艺术字类型

图 5-23　绘图工具

（5）插入表格

步骤一：单击功能区"插入"选项卡，在"表格"组中选择"表格"命令下拉按钮，如图 5-24 所示；

步骤二：在下拉列表内几种插入表格的方法中选择一种，单击鼠标即可插入表格；

① 单击后拖动鼠标，选择合适的行、列；

② 单击插入表格命令，在弹出的对话框中的行数、列数中输入合适的参数。

步骤三：运用新增的"表格工具"选项卡，对插入的表格进行编辑操作如图 5-25 所示。

（6）插入图表

步骤一：单击功能区"插入"选项卡，在"插图"组中选择"图表"命令；

步骤二：在弹出的"插入图表"对话框中选择合适的图表类型，单

图 5-24　插入表格

击确定按钮如图 5-26 所示；

步骤三：运用新增"图表工具"中"设计"、"布局"、"格式"三个选项卡对插入的图表调整编辑操作。如图 5-27 所示。

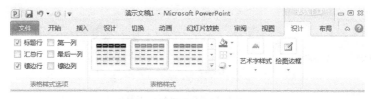

图 5-25　表格工具

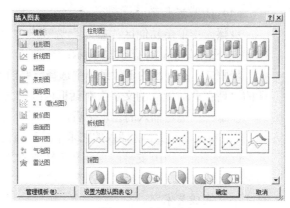

图 5-26　插入图表

图 5-27　图表工具

5.2.4　幻灯片的编辑

演示文稿不能只由一张幻灯片组成，多张幻灯片混合在一起就容易出现排版等问题，因此在新建了演示文稿后往往都需要对其中的幻灯片进行顺序的调整，或者对于冗余、出错的幻灯片进行修改。幻灯片的制作过程中经常涉及的编辑操作有新建、移动、复制、删除、隐藏等基本操作。

（1）幻灯片的新建与删除

① 幻灯片的新建

方法一：首先选定新幻灯片要插入的位置，单击功能区"开始"选项卡下"幻灯片"组中的"新建幻灯片"命令按钮，在弹出的对话框中选择合适的版式，如图 5-28 所示。

方法二：右键单击任务窗格内幻灯片，在弹出的快捷菜单中选择新建幻灯片（本方法适用于新建与当前幻灯片版式相同的幻灯片），如图 5-29 所示。

方法三：在任务窗格大纲视图的结尾按 Enter 键（本方法适用于新建与当前幻灯片版式相同的幻灯片）。

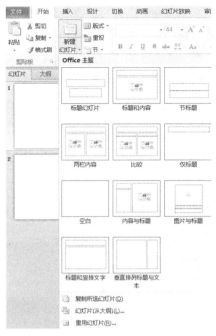
图 5-28　新建版式

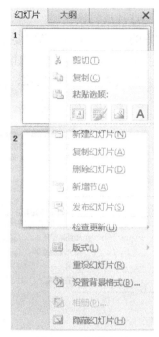
图 5-29　快捷菜单

② 幻灯片的删除。在任务窗格内"幻灯片"选项卡中选择要删除的幻灯片,按 Delete 键。

(2) 幻灯片的复制、移动与隐藏

① 幻灯片的复制。在幻灯片任务窗格内"幻灯片"选项卡中选中要复制的幻灯片,按住 Ctrl 键,同时按住鼠标左键将其拖动到合适位置后释放。此外还可以使用右键单击的方式,在弹出快捷菜单中选择"复制幻灯片"命令,便可以复制并插入相同幻灯片。

② 幻灯片的移动。在幻灯片任务窗格内"幻灯片"选项卡中选择要移动的幻灯片,按住鼠标左键拖动到合适位置,释放鼠标便可将幻灯片移动到目标位置。

③ 幻灯片的隐藏。在普通视图下隐藏幻灯片。在任务窗格"幻灯片"选项卡下,右键单击要隐藏的幻灯片,选择弹出快捷菜单中"隐藏幻灯片"命令。

在幻灯片浏览模式下隐藏幻灯片。选择幻灯片浏览模式,在功能区"幻灯片放映"选项卡下"设置"组内单击"隐藏幻灯片"命令。

5.2.5　幻灯片的放映

(1) 幻灯片切换

演示文稿作好以后,要想在演示期间每张幻灯片播放的时候能够产生动画的效果,还要对其进行切换设置。其操作方法是选中要设置切换功能的幻灯片,然后在功能区"切换"选项卡下对其进行声音、切换方案及切换效果的设置如图 5-30 所示。

图 5-30　幻灯片切换

（2）幻灯片放映设置

制作好的幻灯片在播放前需要进行放映设置，其具体的操作方法是选择功能区"幻灯片放映"选项卡"设置"组，单击"设置幻灯片放映"命令，弹出如图5-31所示设置放映方式对话框。对话框内包含放映类型、放映选项、幻灯片放映范围和换片方式几种设置。

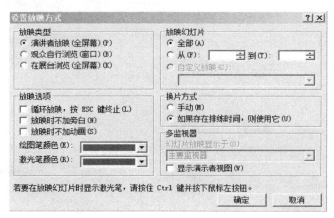

图5-31　设置放映方式对话框

① PowerPoint 2010共提供了演讲者放映、观众自行浏览、在展台浏览三种放映类型。

选择演讲者放映（全屏幕）是系统默认的放映方式，由演讲者控制演示文稿的放映。观众自行浏览（窗口）是在阅读视图下播放幻灯片，由观众自行播放。在展台浏览（全屏幕），这种浏览方式适用于大型展厅等地。

② "放映选项"区共有三个复选框，要设置循环放映，按Esc键终止选框前必须要先设置好功能区"切换"选项卡中"计时"组（如图5-30所示）内设置。其余"放映时不加旁白"、"放映时不加动画"、"绘图笔颜色"、"激光笔颜色"4个选项用户根据个人需要自主设置。

③ 放映幻灯片选项是指定演示文稿中幻灯片放映的范围。选择"全部"表示从第一张开始到最后一张。还可以选择"从-----到-----"。

④ 换片方式"手动"可以选择鼠标单击的方式换片，而"如果存在排练时间，则使用它"则要按照"切换"选项卡中设定的时间自动换片，若提前没有设定则该设置无效。

（3）幻灯片放映

设置好幻灯片的切换效果及放映方式后，就可以放映了。在功能区"幻灯片放映"选项卡下"开始放映幻灯片"组内有几种幻灯片放映的开始方式，分别是从头开始（F5），从当前幻灯片开始（Shift+F5），自定义幻灯片放映和广播幻灯片这四种，用户可以按照一定的顺序或者有选择地放映幻灯片。其中"广播幻灯片"是PowerPoint 2010的新功能，用户选择此项功能可以通过互联网向远程观众播放演示文稿，当用户放映幻灯片时，远程观众便可通过Web浏览器同步观看。

在放映幻灯片的过程中还可以进行如下操作。

① 用绘图笔。在幻灯片放映的过程中可以使用绘图笔直接在屏幕对演示文稿中幻灯片的内容进行标注，操作步骤如下。

步骤一：在幻灯片放映的过程中右键单击屏幕，在快捷菜单中选择"指针选项"命令；

步骤二：在"指针选项"的下级菜单中选择合适的选项；

步骤三：按住鼠标左键，就可以对当前放映的幻灯片进行标注，但是不会改变原来的幻灯片内容。

② 放映同时修改幻灯片。在幻灯片放映的过程中，用户可以一边放映幻灯片，一边修改幻灯片内的错误，操作步骤如下。

步骤一：选择功能区"幻灯片放映"选项卡下"开始放映幻灯片"组中"从当前幻灯片开始"按钮，单击按钮的同时按住 Ctrl 键；

步骤二：在幻灯片放映过程中，用户如发现幻灯片内的错误可以直接定位到编辑窗口上，对需要修改的内容进行修改；

步骤三：修改结束后，单击屏幕左上角"重新开始幻灯片放映"就可以继续放映幻灯片、修改幻灯片。

③ 录制幻灯片演示。在幻灯片放映的过程中，用户对幻灯片进行的一切相关注释都可以使用此功能记录下来，使得以后演示文稿的放映可以脱离讲演者。在功能区"幻灯片放映"选项卡的"设置"组中选择"录制幻灯片演示"按钮，对其中各项进行相应设置后单击"开始录制"就可以录制幻灯片演示过程了。整个操作结束后，演示文稿会自动切换至浏览视图，每张幻灯片下面都会显示放映计时。

5.3 动画设置

为了使演示文稿更加生动，可以在幻灯片中对文本、图形、图片等对象设置动画效果。使用超链接和动作按钮，可以实现幻灯片之间、幻灯片与其他文件之间灵活的切换和跳转，实现交互功能。

5.3.1 创建超链接

在 PowerPoint 中，超链接可以是从一张幻灯片到同一演示文稿中另一张幻灯片的连接，也可以是从一张幻灯片到不同演示文稿中另一张幻灯片、到电子邮件地址、网页或文件的连接。超链接对象可以是文本、图片、图形、按钮等。

（1）插入超链接

超链接的类型和链接对象多样，下面以为"文字对象创建到其他文件的超链接"为例，其操作步骤如下。

步骤一：在"普通"视图中，选择用于创建超链接的文本或对象；

步骤二：在"插入"选项卡中，单击"超链接"按钮或使用快捷键 Ctrl+K，弹出"插入超链接"对话框，如图 5-32 所示；

图 5-32　插入超链接

步骤三：在"链接到"区域中选择超链接类型→"现有文件或网页"，然后在"查找范围"下拉列表中选择指定链接文件的位置，或在"地址栏"中直接输入链接路径，最后单击"确定"按钮。当播放演示文稿时，只要单击设置的超链接对象即可弹出指定的文件。

（2）取消超链接

如果要取消某一对象的超链接，可在该对象上单击鼠标右键，在弹出的快捷菜单中，选择"取消超链接"命令即可。

（3）插入动作按钮

动作按钮是为了在演示文稿放映过程中，当鼠标单击或经过按钮时执行的相应动作。如：跳转到某一指定的幻灯片、运行某程序或宏、播放声音等。

插入动作按钮并为其分配动作，操作如下。

① 在"插入"选项卡中的"插图"选项组中，单击"形状"下拉列表，找到如图 5-33 所示的"动作按钮"库，选择要添加的按钮形状；

② 鼠标指针将呈十字状，在要添加动作按钮的位置处，按住鼠标左键进行拖动，绘制按钮形状完成后释放鼠标。

图 5-33　动作按钮库

③ 鼠标释放后，将弹出如图 5-34 所示的"动作设置"对话框，根据不同情况在"单击鼠标"或"鼠标移动"选项卡中进行设置。按钮执行的动作如下。

图 5-34　"动作设置"对话框

a.若只是在幻灯片上显示该按钮，不指定相应动作，则选择"无动作"单选按钮。

b.若要创建超链接，则选择"超链接到（H）："单选按钮，然后在下拉列表中选择超链接动作的目标对象：下一张幻灯片、上一张幻灯片、第一张幻灯片、最后一张幻灯片、最近观看的幻灯片、结束放映、其他文件等。

c.若要运行某个程序，则选择"运行程序"单选按钮，并单击"浏览"按钮选择指定程序。

d.若要运行宏，则选择"运行宏"单选按钮，然后在下拉列表中找到要运行的宏，但仅限当前演示文稿中包含的宏可用。

e.若要设置跳转时具有声音播放，则单击"播放声音"复选框，然后选择要播放的声音。

5.3.2　设置动画效果

设置动画效果可以使演示文稿中的对象按一定的顺序和规则运动起来，赋予它们进入、退出、形状或颜色的改变，甚至可以设置动画的放映时间、调整动画速度等，既能控制信息的流程，也能吸引观众的注意力，又能提高演示文稿的趣味性。

（1）自定义动画

自定义动画可以使演示文稿中的文本、图片、图形等对象具有动画效果，还可以设置动画的声音和定时功能。

PowerPoint 2010 提供了四类动画：进入、强调、退出、动作路径。
① "进入"是指对象以某种效果进入幻灯片；
② "强调"是指对象直接显示后再出现的动画效果；
③ "退出"是指对象以某种效果在指定时刻离开幻灯片；
④ "动作路径"是指对象沿着已有的或自己绘制的路径运动。
下面以演示文稿放映过程中，某对象以"飞入"效果进入幻灯片为例，操作步骤如下。
步骤一：选择要设置动画的对象，单击"动画"选项卡，此时功能区会呈现与动画设置相当的按钮和选项，单击"添加动画"按钮，如图 5-35 所示；

图 5-35　动画功能区

步骤二：在弹出的动画效果列表中选择动画效果为"飞入"，如图 5-36 所示；
步骤三：在动画功能区中，单击"效果选项"，弹出如图 5-37 所示的方向效果列表，选择"自左上部"。不同的"动画效果"会呈现不同的"效果选项"列表；

图 5-36　动画效果列表　　　　　　图 5-37　"方向"效果列表

步骤四：在"计时"选项组的"开始"列表中，选择"单击时"（如图 5-38 所示）。这样该对象就被设置了,在鼠标单击时由左上部飞入方式进入幻灯片。

"开始"下拉列表中各选项的作用:

a. "单击时":在放映幻灯片时,单击鼠标才能播放当前动画;

b. "与上一动画同时":与上一个动画同时播放;

c. "上一动画之后":在上一个动画播放完毕后自动播放当前动画。

在"计时"选项组中,可以设置动画效果的持续时间、相对于上一动画的延迟时间及动画的播放次序,更多的"计时"选项,也可以单击动画功能区中的"动画窗格"按钮,弹出如图5-39所示的"动画窗格"下拉列表,在其中进行设置。

图5-38 "计时"选项组　　　　　　　图5-39 动画窗格

在"动画窗格"中,显示了当前幻灯片的所有动画效果,双击某一动画效果可弹出相应的效果对话框,如图5-40所示。

图5-40 "飞入"动画效果对话框

a. "效果"选项卡:可选择相应的开始方式、计时、声音、动画播放结束后对象的状态等;

b. "计时"选项卡:可设置动画的开始方式、延迟时间、动画重复次数等;

c. "正文文本动画"选项卡:可设置组合文本、动画形状、相反顺序等。

为了让幻灯片中对象的动画效果丰富、自然,可对其添加多个动画效果。如:对某张图片依次添加进入屏幕时的动画动作、在屏幕中运动的轨迹、从屏幕中消失的动画动作。在动画功能区的最左端单击"预览"按钮,可以查看动画效果,如不满意,可进行更改。

(2)利用动画刷复制动画

在PowerPoint 2010中,新增了一个名为"动画刷"的工具"　动画刷",快捷键为Alt+Shift+C,

将某一对象中的动画效果复制到另一对象上,其操作方法与 Word 中"格式刷"的使用方法类似。

(3)删除动画

对于不再需要的动画效果,可将其删除,方法如下。

方法一:在"动画窗格"中选中要删除的动画效果后,单击其右侧的下拉列表,选择"删除"选项。

方法二:选中要删除的动画效果,单击键盘的"Delete"键。

5.3.3 设置幻灯片切换效果

幻灯片的切换效果是指演示文稿放映时,幻灯片进入和离开播放画面时的整体视觉效果,是让幻灯片具有动画形式的特殊效果,并可以使幻灯片的放映更为连贯、自然。

(1)设置切换方式

幻灯片的切换效果分为三大类:细微型、华丽型、动态内容。其中在"华丽型"中有很多炫酷切换效果,只有在 PowerPoint 2010 中独有。

① 选择要设置切换效果的幻灯片,单击"切换"选项卡后,功能区变为切换效果的按钮及选项。在"切换到此幻灯片"选项组中,单击要应用于幻灯片的切换效果,若要查看更多切换效果,则单击"切换到此幻灯片"选项组垂直滚动条的 按钮,展开显示所有切换方式,如图 5-41 所示。

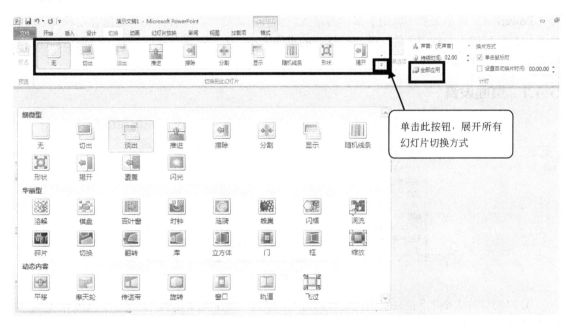

图 5-41 切换效果列表

② 每种切换效果都会采用默认的设置进行播放,在 PowerPoint 2010 中,用户可以对当前已选定的播放效果进行进一步设置。方法:在"切换到此幻灯片"选项组中,单击"效果选项"按钮,在下拉列表中为当前效果选择所需的选项。

③ 若要向演示文稿中的所有幻灯片应用相同的切换效果,可在"计时"选项组中,单击"全部应用"。

④ 在"计时"选项组中，若选中"单击鼠标时"复选框，则在单击鼠标时切换幻灯片；若选中"在此之后自动设置动画效果"复选框，则可在其右侧设置幻灯片的自动切换时间；若同时选中两个复选框，则可同时实现手工和自动切换相结合的方式。

除了对幻灯片设置切换方式，有时为了强调或引出某一幻灯片，还可以根据操作需要在"计时"选项组中设置幻灯片切换时的声音及持续时间等。

（2）删除切换效果

对幻灯片设置了切换效果后，还可以根据需要将切换效果和切换声音删除，方法如下：

选中要删除切换效果的幻灯片，在"切换"选项卡的"切换到此幻灯片"选项组的列表框中选择"无"选项，即可删除切换效果，如图 5-42 所示；在"计时"选项组的"声音"下拉列表中选择"无声音选项"，即可删除切换声音。

图 5-42 "切换"选项卡

5.4 PowerPoint 文稿打印与打包演示动画设置

PowerPoint 演示文稿一般用于演示与播放，但有时需要用纸质材料观看或保存，就要求将演示文稿进行打印。在打印之前，须对幻灯片的页面大小、方向等进行精心设置，以便达到满意的打印效果。

5.4.1 页面设置

在"设计"选项卡中，单击"页面设置"，弹出"页面设置"对话框，如图 5-43 所示。

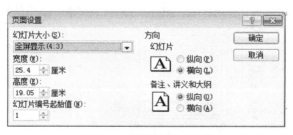

图 5-43 页面设置对话框

① "幻灯片大小"下拉列表中可选择幻灯片的大小规格，如要选择"自定义"则可直接在"高度"与"宽度"数值框中输入具体数字。

② "幻灯片编号起始值"可设置打印文稿的编号起始值。

③ "方向"框中，可设置幻灯片、备注、讲义和大纲的页面方向——纵向或横向。

5.4.2 打印演示文稿

在 PowerPoint 中，页面设置后就可以将演示文稿的幻灯片、大纲、备注和讲义等进行打印，打印前应对打印份数、打印机设置、打印范围及内容等进行设置或修改。

打开要打印的演示文稿，在"文件"选项卡中选择"打印"命令，步骤如图 5-44 所示。

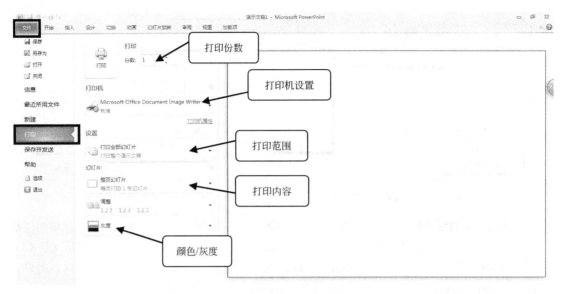

图 5-44　打印演示文稿

（1）打印范围

设定所要打印幻灯片的范围，包括：全部、所选、当前、自定义。

在选择"自定义范围"时，需在"幻灯片"文本框中输入各幻灯片的编号或范围，各个编号间用逗号隔开，如：1，3-6，8。

（2）打印内容

打印内容包括"整页幻灯片"、"备注页"、"大纲"、"讲义"4 种方式。

① "整页幻灯片"：将每张幻灯片打印成一页，可作为讲义使用；

② "备注页"：将幻灯片内容和备注信息打印出来用于演示时观看；

③ "大纲"：打印幻灯片中的所有文本或标题；

④ "讲义"：在一页上同时打印一张或多张幻灯片内容并可留有备注行，以便随时进行批注。

（3）颜色/灰度

打印幻灯片时，要将演示文稿颜色的设置与所选打印机的功能相符。可将幻灯片设计选择"彩色"打印；而备注、讲义大多数选择"纯黑白"或"灰色"打印，建议在右侧预览窗格中查看合适的颜色模式显示效果，以确定是否调整打印的外观。

5.4.3　演示文稿的打包

PowerPoint 提供了文件"打包"功能，可以将演示文稿和所嵌入的声音、字体，链接的文件等打包在一起保存至磁盘或 CD 中。打包能解决运行环境的限制、文件损坏或无法调用等不可预料的问题。如：打包文件可在没有安装 PowerPoint 的计算机或上传至网络中进行播放。

打开准备打包的演示文稿，在"文件"选项卡中选择"保存并发送"命令，然后单击"将演示文稿打包成 CD"，弹出"打包成 CD"对话框，如图 5-45 所示。

① 在"将 CD 命名为"文本框中输入打包后生成 CD 的文件名。

② 可以选择"添加"按钮，把更多的演示文稿一起打包，也可以选择"删除"按钮，将演示

文稿在打包文件中去除。

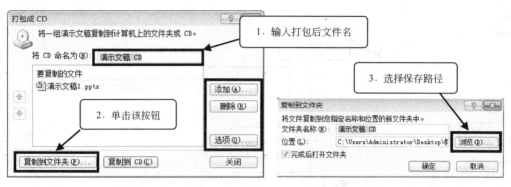

图 5-45 "打包成 CD"对话框　　图 5-46 "复制到文件夹"对话框

③ 单击"复制到文件夹…"按钮，弹出对话框如图 5-46 所示，选择保存的路径，单击"确定"按钮开始打包，打包后的文件将存放在指定的文件夹中。打包结束后自动弹出"演示文稿 CD"文件夹，如图 5-47 所示，其中 AUTORUN.INF 文件具有自动播放功能。此打包文件夹可以在 Windows 98 SE 及其以上环境播放，而无需 PowerPoint 主程序的支持。

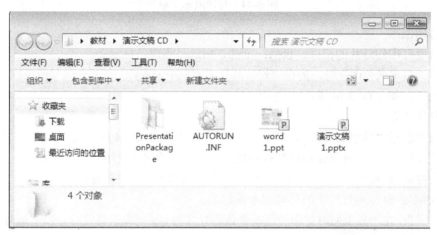

图 5-47 打包生成"演示文稿 CD"文件夹

④ 若选择"复制到 CD"按钮，则需要配有刻录机和空白光盘，将演示文稿直接打包到 CD 上。

默认情况下，所打包的 CD 将包含演示文稿中的链接文件和一个名为 PresentationPackage 的文件夹。如果需要更改默认设置，可以在如图 5-45 所示的"打包成 CD"对话框中单击"选项"按钮，弹出如图 5-48 所示的"选项"对话框，在其中对包含的文件信息等选项进行设置。如指定打开演示文稿的密码和修改演示文稿的密码，可在"增强安全性和隐私保护"中设置；是否将链接的文件和字体一起打包，可勾选"嵌入的 TrueType 字体"复选框，确保在未安装该字体时正确显示文本。

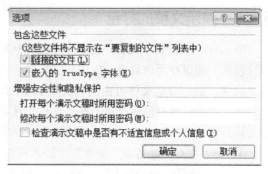

图 5-48 "选项"对话框

课后习题

1. 填空题

（1）PowerPoint 2010 的视图方式有（　　　）、（　　　）、（　　　）、（　　　）四种类型。

（2）PowerPoint 2010 演示文稿默认的扩展名是（　　　）。

（3）PowerPoint 2010 模板的扩展名是（　　　）。

（4）不能在（　　　）视图中显示和编辑备注内容。

（5）动作设置对话框中，可设置鼠标动作为（　　　）、（　　　）。

（6）若要为幻灯片中的某对象设置"飞入"效果，应在（　　　）选项卡中进行设置。

（7）PowerPoint 2010 可以用彩色、灰度或黑白打印演示文稿的幻灯片、大纲、备注、（　　　）。

2. 选择题

（1）PowerPoint 2010 如果要新建演示文稿，默认的幻灯片版式为（　　　）幻灯片。
　　　A．标题　　　B．空白　　　C．节标题　　　D．比较

（2）单击（　　　）按钮可以从当前幻灯片开始放映。
　　　A．Shift　　　B．Shift +F5　　　C．F5　　　D．Ctrl+F5

（3）PowerPoint 2010 中，在自选图形的"格式"对话框，不能改变图形的（　　　）。
　　　A．旋转角度　　　B．大小尺寸　　　C．形状　　　D．内部颜色

（4）绘制图形时，按（　　　）键绘制的方形为正方形。
　　　A．Shift　　　B．Ctrl　　　C．Delete　　　D．Alt

（5）如果要建立一个指向某一个程序的动作按钮，应使用"动作设置"对话框中的哪一命令（　　　）。
　　　A．无动作　　　B．运行对象　　　C．运行程序　　　D．超链接到

（6）利用 PowerPoint 制作幻灯片时，幻灯片在哪个区域制作（　　　）。
　　　A．状态栏　　　B．幻灯片区　　　C．大纲区　　　D．备注区

（7）在 PowerPoint 中，想要把文本插入到某个占位符，正确的操作是（　　　）。
　　　A．单击标题占位符，将插入点置于占位符内
　　　B．单击菜单栏中插入按钮
　　　C．单击菜单栏中粘贴按钮
　　　D．单击菜单栏中新建按钮

（8）PowerPoint 中，要编辑修改幻灯片母版，首先（　　　）。
　　　A．要切换到幻灯片浏览视图中　　　B．要切换到幻灯片大纲视图中
　　　C．要切换到幻灯片母版视图中　　　D．以上都不对

综合实训

【实训目的】

1．熟练掌握演示文稿的新建方法。

2. 掌握幻灯片的新建与制作。
3. 会为对象创建超链接及动画效果。
4. 掌握设置幻灯片的切换方式。
5. 能够将演示文稿打包并播放。

【内容步骤】

1. 打开 PowerPoint 2010,新建一个演示文稿,保存在 D 盘下,文件名为 "圣诞快乐.pptx"。

2. 新建幻灯片,用 "标题" 版式,标题名为 "圣诞快乐",字形为 "加粗",副标题为 "圣诞节的由来" 字体为 "宋体",字形为 "斜体"。

3. 插入一张新幻灯片,版式为 "内容与标题"。标题为 "你知道圣诞节的由来么?" 字号为 "60",字形为 "粗体、斜体"。在添加文本处添加下列内容 "圣诞节(Christmas)" 又称耶诞节,译名为 "基督弥撒",西方传统节日,在每年 12 月 25 日。弥撒是教会的一种礼拜仪式。圣诞节是一个宗教节,因为把它当作耶稣的诞辰来庆祝,故名 "耶诞节。" 在插入剪贴画处添加任意剪贴画,设置剪贴画高度为 "9.1cm",高度为 "10.8cm"。

4. 设置标题 "你知道圣诞节的由来么?" 的动画效果为鼠标单击时 "飞入"。"圣诞节(Christmas)又称耶诞节,……" 动画效果为鼠标单击时 "进入—出现"。

5. 插入一张新幻灯片,选择版式为 "空白",设置幻灯片的页面宽度为 "20cm",高度为 "15cm"。插入一圣诞树图片,并为其创建超链接,即单击 "圣诞树" 图片,打开网页 http://baike.baidu.com/subview/10001/12147827.htm?fr=aladdin,此网页为圣诞树的简介。

6. 插入一水平文本框,设置文本框的内容为 "让我们圣诞节一起狂欢吧!",字体为 "宋体",字号为 "60",字体样式为 "加粗、倾斜"。

7. 为第一、三张幻灯片设置切换效果为 "分割";第二张幻灯片切换效果设置为 "华丽型—时钟"。

8. 将此演示文稿打包成 CD 输出,保存于 D 盘下,文件名自定义。

9. 播放演示文稿,查看效果。

第 6 章

计算机网络与 Internet 应用

本章学习要点

1. 了解计算机网络的基本概念、分类以及组成。
2. 了解计算机网络的协议。
3. 了解局域网的相关概述。
4. 掌握 Internet 的应用。

6.1 计算机网络的基本概念、分类以及组成

6.1.1 计算机网络的基本概念

计算机网络技术是现代计算机技术和通信技术相互结合、相互渗透而形成的新兴学科，它是 20 世纪 50 年代开始出现的。在半个多世纪的发展过程中，计算机网络技术不断推动着社会文明的进步，逐步改变着人们的生活方式、工作方式和思维方式。目前，以计算机网络为基础的信息处理已成为信息时代的主流。

目前人们广为接受的计算机网络的定义是：计算机网络是利用通信设备和线路将地理位置不同的、功能独立的多个计算机系统连接起来，通过功能完善的网络软件（网络通信协议、信息交换方式、网络操作系统）实现网络中资源共享和信息传递的计算机系统的集合。由于计算机网络技术的发展迅速，不同时期对计算机网络的定义也有着不同的表达方式，但无论如何描述，都必须把握以下几点。

① 联网中的计算机都是功能独立的"自治计算机系统"，每台计算机既可以联网工作，也可以独立工作，各计算机之间没有主从关系。

② 联网中的计算机都必须遵循共同的网络协议，这样各计算机之间才能有条不紊地交换数据。

③ 联网的目的是为了实现数据通信和资源共享。

世界上最小、最简单的计算机网络是用一条通信线路将两台计算机连接起来，该网络由两个节点和一条链路组成。最大、最复杂的计算机网络就是 Internet，它由许许多多的主机和计算机网络通过路由器等设备互联而成，也称为"网络的网络"，是一个遍布全球的巨大信息网络。

6.1.2 计算机网络的分类

计算机网络的分类方法多种多样,学会从不同的角度观察和划分网络,有利于全面了解网络系统的特性。下面介绍几种主要的分类方法。

(1) 按网络覆盖范围分类

计算机网络按其覆盖的地理范围可分为 3 类:局域网(Local Area Network,LAN)、城域网(Metropolitan Area Network,MAN)和广域网(Wide Area Network,WAN)。

LAN 具有如下技术特点:覆盖的地理范围有限,一般在 10km 之内;提供较高的数据传输速率,通常在 10Mbit/s 以上;具有较低的误码率(通常在 10^{-8} 和 10^{-11} 之间)。因此 LAN 具有高质量的数据传输环境;一般属于某个单位所有,易于管理、建立、维护和扩展;适用于公司、小区、校园、工厂等有限范围内的联网需求。

MAN 具有如下技术特点:覆盖范围介于广域网和局域网之间,地域从几十千米到上百千米,是覆盖一座城市的高速网络;城域网的设计目标是为满足大量企业、机关、公司的多个局域网互联的需求;城域网在技术上与局域网相似,但是在传输介质和布线结构方面牵涉范围较广。

WAN 具有如下技术特点:覆盖的地理范围从几十千米到几万千米,可以覆盖一个国家、地区或横跨几个洲,形成国际性的远程网络;与局域网相比,广域网的传输速率较慢,误码率较高。Internet 就是一个典型的广域网。

(2) 按网络传输技术分类

通信信道的类型有广播通信信道和点对点通信信道两类,相应地,计算机网络也可以分为两类:广播式网络和点对点式网络。

广播式传输结构是通过一个公共的传输介质,把各个计算机连接起来。这样,任何一台计算机向网络发送信息时,连接在公共信道上的其他计算机均可以接收到,各计算机再自行决定是接收或是丢弃信息。广播式传输结构主要有总线型信道、卫星信道和微波信道等类型。

点对点传输结构中,每条物理线路只连接 2 台计算机,如果 2 台计算机之间没有直接相连的线路,就需要通过中间节点对信息进行接收、存储,并根据路由选择策略进行转发。绝大多数广域网都采用点对点的传输结构。

(3) 按服务提供方式分类

计算机网络按照服务的提供方式可分为主从式网络和对等式网络两大类。

主从网中的计算机分为客户机与服务器两类,服务器向其他计算机提供服务,客户机只能向服务器请求资源和服务。主从网适用于较大的计算机网络,其优点是资源集中,访问和管理比较简单,安全性好。缺点是对服务器计算机的软硬件配置要求较高,对网络管理员的技术水平要求也较高。

对等网中的每台计算机都同时扮演着客户机与服务器的角色,既可以给其他计算机提供服务,也可以向其他计算机请求服务。对等网是比较简单的网络,非常适合家庭、校园和小型办公室组网。对等网的优点是建设容易,成本低廉,缺点是当网络规模扩大时,资源分散、管理困难,而且网络安全性不高。

实际使用中,大多数的网络系统都结合这两种方式,称为混合式网络。

(4) 按使用范围分类

按照使用范围可将计算机网络分为公用网和专用网。公用网对大众提供服务,专用网为一个单位或部门提供服务。公用网通常由提供通信服务的经营部门组建、管理和控制,网络内的传输和转接装置可供任何部门和个人使用,公用网常用于构造广域网络,如我国的电信网、广电网、联通网等。专用网只向网络拥有者提供服务，例如各种部门网络、企业网络和校园网络等。

（5）按传输介质分类

按照所使用的传输介质可以将计算机网络分为有线网络和无线网络。有线网采用同轴电缆、双绞线或光纤等有线的物理媒体来传输数据，无线网则采用微波等无线媒体来传输数据。局域网通常采用单一的传输介质，而城域网和广域网通常采用多种传输介质。

6.1.3 计算机网络的组成

一个完整的计算机网络系统是由网络硬件和网络软件所组成的。网络硬件是计算机网络系统的物理实现，网络软件是网络系统中的技术支持。两者相互作用，共同完成网络功能。计算机网络的组成如图 6-1 所示。

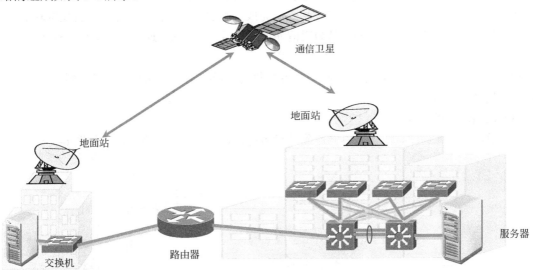

图 6-1　计算机网络组成

（1）网络硬件的组成

计算机网络硬件系统是由计算机（主机、客户机、终端）、通信处理机（集线器、交换机、路由器）、通信线路（同轴电缆、双绞线、光纤）、信息变换设备（Modem，编码解码器）等构成。如图 6-2 所示。

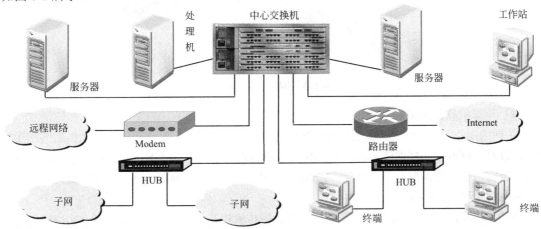

图 6-2　网络硬件组成

(2)计算机硬件的组成

① 主计算机。在一般的局域网中,主机通常被称为服务器,是为客户提供各种服务的计算机,因此对其有一定的技术指标要求,特别是主、辅存储容量及其处理速度要求较高。根据服务器在网络中所提供的服务不同,可将其划分为文件服务器、打印服务器、通信服务器等。

② 网络工作站。除服务器外,网络上的其余计算机主要是通过执行应用程序来完成工作任务的,把这种计算机称为网络工作站或网络客户机,它是网络数据主要的发生场所和使用场所,用户主要是通过使用工作站来利用网络资源并完成自己作业的。

③ 网络终端。是用户访问网络的界面,它可以通过主机联入网内,也可以通过通信控制处理机联入网内。

④ 通信处理机。一方面作为资源子网的主机、终端连接的接口,将主机和终端连入网内;另一方面它又作为通信子网中分组存储转发结点,完成分组的接收、校验、存储和转发等功能。

⑤ 通信线路。通信线路(链路)是为通信处理机与通信处理机、通信处理机与主机之间提供通信信道。

⑥ 信息变换设备。对信号进行变换,包括:调制解调器、无线通信接收和发送器、用于光纤通信的编码解码器等。

(3)网络软件的组成

在计算机网络系统中,除了各种网络硬件设备外,还必须具有网络软件。如图 6-3 所示。

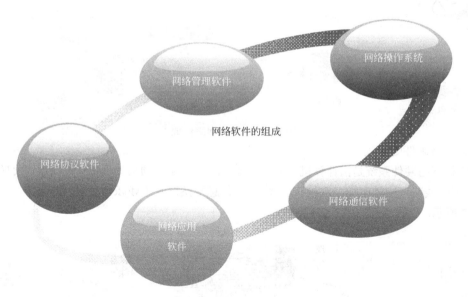

图 6-3 网络软件组成

(4)计算机软件的组成

① 网络操作系统。网络操作系统是网络软件中最主要的软件,用于实现不同主机之间的用户通信,以及全网硬件和软件资源的共享,并向用户提供统一的、方便的网络接口,便于用户使用网络。目前网络操作系统有三大阵营:UNIX、NetWare 和 Windows。目前,我国最广泛使用的是 Windows 网络操作系统。

② 网络协议软件。网络协议是网络通信的数据传输规范,网络协议软件是用于实现网络协议功能的软件。

目前，典型的网络协议软件有 TCP/IP 协议、IPX/SPX 协议、IEEE802 标准协议系列等。其中，TCP/IP 是当前异种网络互连应用最为广泛的网络协议软件。

③ 网络管理软件。网络管理软件是用来对网络资源进行管理以及对网络进行维护的软件，如性能管理、配置管理、故障管理、计费管理、安全管理、网络运行状态监视与统计等。

④ 网络通信软件。是用于实现网络中各种设备之间进行通信的软件，使用户能够在不必详细了解通信控制规程的情况下，控制应用程序与多个站进行通信，并对大量的通信数据进行加工和管理。

⑤ 网络应用软件。网络应用软件是为网络用户提供服务，最重要的特征是它研究的重点不是网络中各个独立的计算机本身的功能，而是如何实现网络特有的功能。

（5）网络的拓扑结构

拓扑学是几何学的一个分支。拓扑学首先把实体抽象成与其大小、形状无关的点，将连接实体的线路抽象成线，进而研究点、线、面之间的关系,即拓扑结构（Topology Structure）。

在计算机网络中，抛开网络中的具体设备，把服务器、工作站等网络单元抽象为"点"，把网络中的电缆、双绞线等传输介质抽象为"线"。

计算机网络的拓扑结构就是指计算机网络中的通信线路和结点相互连接的几何排列方法和模式。拓扑结构影响着整个网络的设计、功能、可靠性和通信费用等许多方面，是决定局域网性能优劣的重要因素之一。

① 总线型拓扑结构。总线型拓扑结构是指所有结点共享一根传输总线，所有的站点都通过硬件接口连接在这根传输线上。如图 6-4 所示。

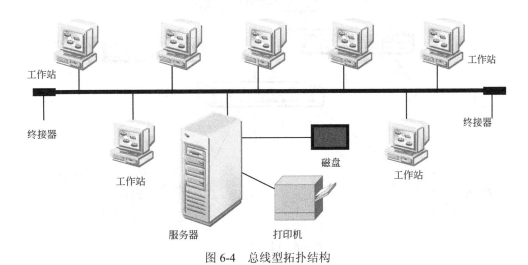

图 6-4　总线型拓扑结构

优点：结构简单，价格低廉、安装使用方便。

缺点：故障诊断和隔离比较困难。

② 星型拓扑结构。星型拓扑结构是符合令牌协议的高速局域网络。它是以中央结点为中心，把若干外围结点连接起来的辐射式互连结构。如图 6-5 所示。

优点：单点故障不影响全网，结构简单。增删节点及维护管理容易；故障隔离和检测容易，延迟时间较短。

缺点：成本较高，资源利用率低；网络性能过于依赖中心节点。

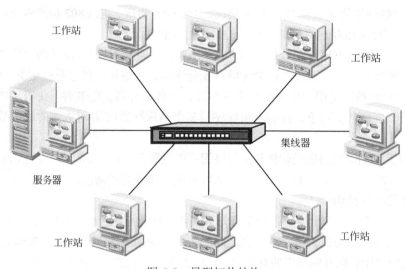

图 6-5 星型拓扑结构

③ 树型拓扑结构。树型结构是星型结构的扩展,它由根节点和分支节点所构成,如图 6-6 所示。

优点:结构比较简单,成本低,扩充节点方便灵活。

缺点:对根的依赖性大。

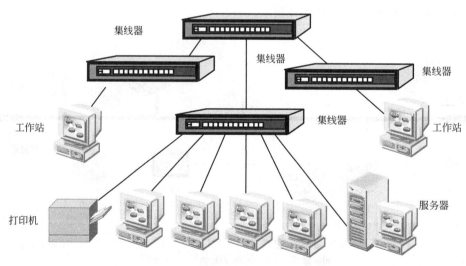

图 6-6 树型拓扑结构

④ 环型拓扑结构。

环型拓扑结构将所有网络节点通过点到点通信线路连接成闭合环路,数据将沿一个方向逐站传送,每个节点的地位和作用相同,且每个节点都能获得执行控制权。

环型结构的显著特点是每个节点用户都与两个相邻节点用户相连。如图 6-7 所示。

优点:简化路径选择控制,传输延迟固定,实时性强,可靠性高。

缺点:节点过多时,影响传输效率。环某处断开会导致整个系统的失效,节点的加入和撤出过程复杂。

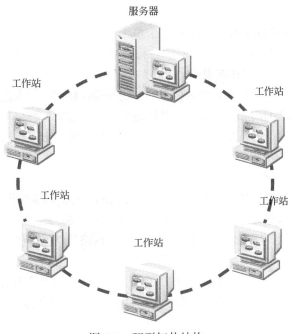

图 6-7　环型拓扑结构

⑤ 网状拓扑结构。网状拓扑结构中的所有节点之间的连接是任意的,没有规律。实际存在与使用的广域网基本上都采用网状拓扑结构。如图 6-8 所示。

优点：具有较高的可靠性。某一线路或节点有故障时，不会影响整个网络的工作。

缺点：结构复杂，需要路由选择和流控制功能，网络控制软件复杂，硬件成本较高，不易管理和维护。

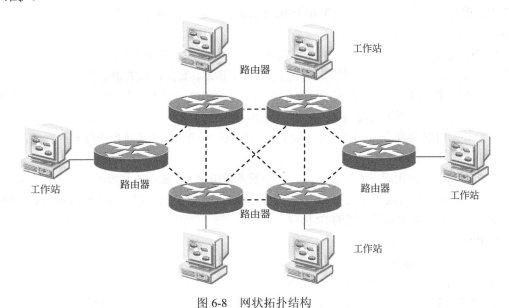

图 6-8　网状拓扑结构

6.1.4　计算机网络的协议

网络协议是为网络数据交换而制定的规则、约定与标准；网络协议的三要素：语义、语法与时序。
① 语义：用于解释比特流的每一部分的意义。
② 语法：语法是用户数据与控制信息的结构与格式，以及数据出现的顺序的意义。
③ 时序：事件实现顺序的详细说明。

其实网络协议就是网络中传递、管理信息的一组规范，如同人与人之间相互交流需要遵循一定的规矩一样，计算机之间的相互通信需要共同遵守一定的规则。网络节点之间的联系是极其复杂的，人们在制定协议时，通常把复杂的成分分解成一些简单成分，然后再将它们复合起来。最常用的复合技术就是采用层次方式。

（1）网络通信协议概述

计算机网络是由许多互联的节点构成的，各节点之间想要正确地传递信息，必须在信息格式、信息内容以及信息传输顺序等方面遵循一些共同的约定或规则，这些为网络数据交换而制定的约定或规则被称为网络协议。网络协议的优劣直接影响着网络的性能。任何一种网络协议都包含了语义、语法和时序三个要素。

一台入网的计算机必须在遵守网络协议的前提下，才能与网络上其他计算机进行正常通信。网络协议被分为几个层次，每层完成自己的单独功能。通信双方只有在共同的层次间才能相互联系。

（2）常见网络通信协议

目前，最常用的通信协议主要有3大类：TCP/IP协议、IPX/SPX协议、NetBEUI协议及其兼容协议。

TCP/IP协议是这3大类协议中最重要的一个，作为互联网的基础协议，它使得联网的每台计算机都能够方便地进行数据传输和资源共享，无论它们是否属于同一网络类型、是否安装了相同的操作系统。计算机上没有TCP/IP协议就无法上Internet，任何和Internet有关的操作都离不开TCP/IP。相对于其他两个协议，TCP/IP的配置最麻烦，要详细设置IP地址、网关、子网掩码、DNS服务器等参数。

TCP/IP是20世纪60年代麻省理工学院和一些商业组织为美国国防部开发的，具有很高的灵活性，支持各种规模的网络，可连接各类服务器和工作站。目前，TCP/IP已然成为计算机网络中的一个通用协议。但TCP/IP在局域网络的通信效率并不高，使用它在浏览"网上邻居"中的计算机时，有时会出现不能正常浏览的现象。但NetBEUI协议能很好解决这个问题。

至于IPX/SPX协议、NetBEUI协议及其兼容协议。由于Win7系统当中没有用到，在此就不多赘述。

TCP/IP协议一共出现了6个版本，后3个版本是版本4、版本5与版本6；目前使用的是版本4，它的网络层IP协议一般记作IPv4；版本6的网络层IP协议一般记作IPv6（或IPng，IP next generation）；IPv6被称为下一代的IP协议。

TCP/IP协议的特点：
① 开放的协议标准；
② 独立于特定的计算机硬件与操作系统；
③ 独立于特定的网络硬件，可以运行在局域网、广域网，更适用于互联网中；
④ 统一的网络地址分配方案，使得整个TCP/IP设备在网中都具有惟一的地址；
⑤ 标准化的高层协议，可以提供多种可靠的用户服务。

（3）网络协议相关知识

① 网络协议标准组织；
② 国际电话电报咨询委员会 CCITT；
③ 国际电信联盟 ITU；
④ 国际标准化组织 ISO；
⑤ 电子工业协会 EIA；
⑥ 电气与电子工程师协会 IEEE；
⑦ ATM 论坛。

6.1.5 计算机局域网

主要介绍局域网的发展历史、局域网的特点和局域网的分类，使读者对局域网有一个基本的了解，建立一些初步的印象，以便在后续章节中更好地了解和掌握局域网技术。

（1）局域网基本概念

一般来说，局域网是地理范围比较小的网络，"局域"是相对于"城域"和"广域"来说的。局域网的应用非常广泛，大部分网络的应用都是以局域网形式出现的，如企业网、校园网等都是以局域网作为最基本的网络应用单元，当需要与其他分支机构通信时，可以通过广域网互联的方式形成一个范围更大的信息系统。当谈到局域网的时候，可能是指一种网络类型，可能是指一种网络应用系统，还可能是指某种网络协议。

（2）发展阶段

1969 年，世界上最早的广域网 ARPAnet 研制成功，展现了计算机网络广阔的应用前景，为计算机网络基础理论的研究奠定了基础。与此同时，多机系统、分布式处理的研究也取得了进展，所有这些都为局域网的理论研究做好了充分的准备。进入 20 世纪 90 年代后，局域网的发展方向有如下几个特点：第一，形成了以太网和令牌环网两大技术体系并驾齐驱的态势；第二，朝着高速、交换和全双工的方向发展；第三，实现了网络互连，包括局域网互连，局域网与广域网的互连；第四，光纤技术扩大了局域网的地理范围，互连和光纤技术使得局域网已经不再"局域"了。

进入 21 世纪，以太网技术不断取得突破，速率从 10Mbit/s 发展到 100Mbit/s，继之又发展到 1GMbit/s，即千兆以太网，使得以太网形成了从共享到交换、从半双工到全双工、从桌面到主干、从局域网到城域网的系列技术。以太网结构简单、价格便宜，可以使用双绞线和光纤作为传输介质组成星形网，还可以使用同轴电缆作为传输介质组成总线网。由于以太网的成功，使得令牌环网逐渐失去了原来的光彩；曾经风靡一时的 FDDI 环形网在局域网骨干领域也失去了竞争力；最后连宽带网 ATM 最终也被淘汰出局。

现在万兆（10GMbit/s）以太网的标准已经发布，万兆以太网不只是提高了速度，更主要的是可以把以太网用于广域网领域。这样以太网就可以实现从 LAN 到 MAN 再到 WAN 的无缝连接，使得以太网可以从骨干传输网到接入网最后再到桌面。

（3）局域网的特点

局域网是在比较小的地理范围内，以共享资源为主要目的，把计算机等终端设备连接起来的一种计算机网络。局域网的终端设备可以是 PC 和各种各样的服务器，如文件服务器、打印服务器等。随着客户/服务器模式的出现，又使局域网朝着以应用为主的方向发展。局域网上的计算机也不再只是微型机，关键的计算任务已经有工作站、小型机和专用服务器组成的网络承担。从字面理解，就是地理范围小，除此之外，还有以下特点：

① 局域网是在比较小的地理范围内组建的网络，其地理范围一般在几米到几千米之间。这样的地理范围可能是一个大学或企业的建筑群，也可能是一栋楼或一个办公室，可见局域网组网非常灵活。

② 局域网是专用网，一般由一个部门专有，使用专用线路组网，不必使用公共通信设施组网。专用线路使得局域网具有较好的信道质量和可靠性，可以具有较高的数据传输率和较低的误码率。

③ 局域网采用共享信道技术，具有独特的介质访问控制方式，以广播方式传输数据，这是早期局域网区别于广域网最主要的特点。现在的以太网由于采用了交换技术，因此，也在朝着独享宽带的方向发展，性能得到了提高，同时又保持了局域网价格低廉、组网容易、使用方便的优良性能。

（4）局域网的分类

一般认为局域网技术主要包括三个方面：拓扑结构、传输介质和介质访问控制方式，因此，可以从这三个方面出发对局域网分类。按照拓扑结构，可以把局域网分成总线型、环形和星形。按照传输介质可以把局域网分成有线网和无线网。按照介质访问控制方式，局域网有多种类型，主要有两种，以太网和令牌环网。按照介质访问控制方式分类也可以看作是按照局域网协议分类的方法，因为介质访问控制方式是局域网协议的主要特征。

6.1.6 Internet 概述

Internet 又称为国际互联网（因特网），是采用网络互连技术建立起来的、世界上唯一的、主要用于共享网络信息资源的计算机网络。通过定义可以了解 Internet 的技术特征：第一，Internet 是一种计算机网络，是国际性的网络，所以，网络的规模和范围都非常大，具有广域网的某些特征；第二，Internet 是一种互联网，采用网络互连技术，通过路由器把各种各样的网络互连起来，然后在网络上运行 TCP/IP 协议；第三，Internet 是一种信息网络，可以为人们提供广泛的信息资源。

Internet 是一点一滴建立起来的，是从一个网络到多个网络、从一个国家到多个国家，如同滚雪球一样建立起来，最后形成了规模如此巨大的计算机网络。网络上现在究竟有多少台计算机，有多少人在上网谁也说不清，因为这些数字几乎每天都在变化。在网络上运行着各种各样存放着大量信息的计算机，网络上的信息越来越多，可以用信息的海洋来形容也不为过。

（1）Internet 的发展

1985 年，NSF（美国国家科学基金会）通过 TCP/IP 协议建立了计算机网络 NSFNET，这是一个三级计算机网络，分为主干网、地区网和校园网，覆盖了美国主要的大学和研究所。NSF 把这个网络与 ARPAnet 相连，1989～1990 年，NSF 把这个网络的速率从 56Kbit/s 提高到了 T1（1.544Mbit/s）速率，并最终取代了 ARPAnet 成为 Internet 的主干网。最后 ANS 一个非营利性公司于 1993 年建造了一个速率为 45 Mbit/s 的主干网 ANSNET 取代了原来的 NSFNET，因特网的商业化运营标志着因特网进入成熟阶段。

（2）Internet 的构成

Internet 起源于 ARPAnet，采用了 TCP/IP 协议以后，大量网络开始互连，于是网络开始按照层次结构的形式不断地发展扩大。通过路由器把同一层次的局域网互连构成区域网，再通过核心路由器把区域网连接到 Internet 主干网上。主干网是 Internet 的核心，是由 ARPAnet 和 NSFNET 对等主干结构及一些核心路由组成。区域网通过核心路由器连入 Internet 的主干结构。

这样整个 Internet 构成了一个树形结构，以主干网作为树根，以区域网作为分支，以局域网作为树叶。这种树形结构有利于网络的发展，局域网和区域网可以任意扩展，对主干网及核心路由器信息都没有影响。当增加区域时，只对主干网及其核心路由器产生相应的影响，对于其他的区域网没有任何影响。

6.1.7　Internet 接入

（1）ADSL 方式上网

假如你已经具备了带网卡的计算机，家中还有有线电话，你可以到有线电话所属的网络运营商（ISP）处申请开通 ADSL 上网服务。申请成功后，将获得 ADSL 调制解调器（ADSL Modern）、信号分离器（又称为滤波器）、连接线和用户名及密码等。如图 6-9 所示。

图 6-9　ADSL Modem、电源、信号分离器

不同品牌 ADSL Modem 外形和颜色不同，但结构和接口都差不多。连接方法如图 6-10 所示。

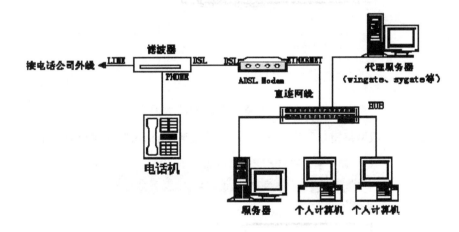

图 6-10　ADSL 安装布线图

信号分离器（滤波器）上有三个接口，LINE 接电话入户端，PHONE 接电话机，DSL 使用电话线接到 ADSL Modem 设备上的 DSL 接口。ADSL Modem 上的 LAN 接口用一根直连网线连接到 HUB 集线器上，再由集线器分出三个接口分别接入到个人计算机和服务器上。

（2）创建 ADSL 拨号连接

做好硬件连接工作后，开始创建拨号连接。

① 进入 Win7 系统，右下角，找到网络标识（如果没有连接网络，会显示是一个叹号）。如图 6-11 所示。

② 点击该网络标识，弹出窗口，单击"打开网络和共享中心"。如图 6-12 所示。

图 6-11　网络标识　　　　　　　　　　图 6-12　"当前连接到"窗口

③ 进入网络和共享中心之后，单击"设置新的连接和网络"。如图 6-13 所示。

图 6-13　"网络和共享中心"对话框

④ 进入设置连接或网络窗口，选择第一项"连接到 Internet"。如图 6-14 所示。

图 6-14　"设置连接或网络"对话框

⑤ 转到连接"Internet"对话框，然后选择"宽带（PPPoE）"。如图 6-15 所示。

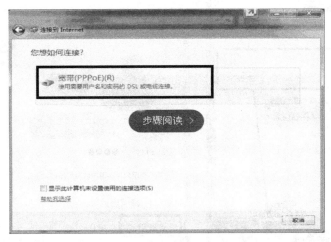

图 6-15　连接"Internet"对话框（一）

⑥ 在接下来界面，输入服务商提供给你的用户名和密码，勾选"记住此密码"，设置宽带名称，点击 "连接"。如图 6-16 所示。

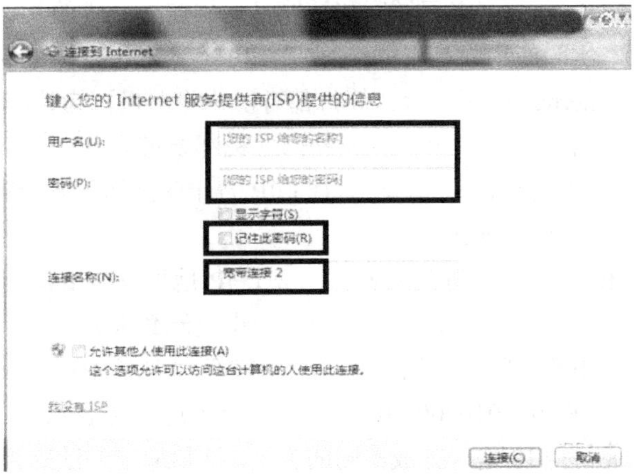

图 6-16　连接"Internet"对话框（二）

⑦ 接下来进入连接界面，等待该步骤完成之后，提示成功，那么宽带连接就创建成功了。如图 6-17 所示。

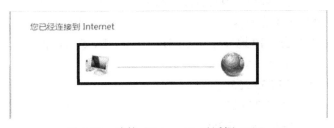

图 6-17　连接"Internet"对话框（三）

⑧ 以后如果想进入宽带连接界面，开机之后，右下角找到网络标识，然后点击宽带连接，连接就能正常上网了。如图 6-18 所示。

图 6-18　利用宽带连接上网

6.1.8　IP 地址

Internet 是由遍布全球的许许多多局域网和计算机互相连接而成的，那么在网络通信时是如何区分每一台计算机的呢？实际应用中是根据计算机的 IP 地址来进行区分的。IP 地址是 Internet 中节点身份的标示符。在 Internet 中每一台计算机都可以称作主机，为使网络中的主机能够相互通信，必须要对每台主机进行标识或区分。首先联网主机都要遵守共同的网络协议，其中 TCP/IP 已成为 Internet 中使用的标准协议。每一台运行 TCP/IP 的计算机都需要配置一个标识自身的地址，这个地址就叫做 IP 地址，也叫逻辑地址。

TCP/IP 协议规定，IP 地址用二进制来表示，每个 IP 地址长 32bit，也就是 4 字节。由于 32 位二进制数太长不便于记忆。人们就将每 8 位用一个十进制数来表示，因此 IP 地址就可以用 4 个十进制数表示，中间用小数点隔开，例如：x.x.x.x 每个 x 取值在 0～255 之间。某个设备的 IP 地址是 11010010100010000010110100001011，采用点分十进制可表示为 210.136.45.11。

根据实际应用需要通常把 IP 地址分成不同的类型，这种编址方法称为有类分址法。它用一个 IP 地址中最高的 1 位来标识该地址的类别，并把一个 IP 地址分成网络地址和主机地址两部分。因此，一个有类的 IP 地址包括的信息有：类别、网络号和主机号。网络号表示主机所在的网络，主机号则是该主机在本网络中的标识。为确保网络地址的唯一性，网络号由 Internet 权力机构统一分配，而主机号则是由网络管理者自行分配。网络地址的唯一性与网络内主机地址的唯一性可以确保 Internet 上的 IP 地址不会重复。

标准的 IP 地址分类方法把 IP 地址分成 A、B、C、D、E、5 类，各类地址结构及其表示的 IP 地址范围如图 6-19、图 6-20 所示。

A 类：10.0.0.0 至 10.255.255.255
B 类：172.16.0.0 至 172.31.255.255
C 类：192.168.0.0 至 192.168.255.255
D 类：224.0.0.0 至 239.255.255.255
E 类：224.0.0.0 至 247.255.255.255

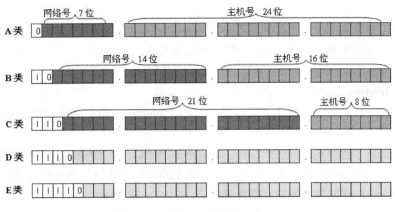

图 6-19　5 类 IP 地址范围（一）

图 6-20　5 类 IP 地址范围（二）

6.1.9　域名

域名的英文为 Domain Name，是互联网上一个企业或机构的名字，是互联网上企事业间相互联系的地址。就像门牌号码一样。域名的形式是以若干英文字母和数字组成，由"."分隔成几份。比如 www.cctv.com 指中央电视台；www.3721.com 指 3721 网络公司。

什么是域名？

虽然可以通过 IP 地址来访问每一台主机，但是要记住那么多枯燥的数字串显然是非常困难的，为此，Internet 提供了域名（Domain Name）。

域名也由若干部分组成，各部分之间用小数点分开，例如"威海龙盟因特网服务中心"，主机的域名是龙盟公司的拼音，就是"longmeng.com"，显然域名比 IP 地址好记忆多了。

域名前加上传输协议信息及主机类型信息就构成了网址（URL），例如"威海龙盟因特网服务中心"的 www 主机的 URL 就是："http://www.longmeng.com"。

6.1.10　万维网（WWW）

WWW 是环球信息网的缩写（也写作"Web"、"W3"，英文全称为"World Wide Web"），中文名字为"万维网"、"环球网"等，常简称为 Web，分为 Web 客户端和 Web 服务器程序。WWW 可以让 Web 客户端（常用浏览器）访问浏览 Web 服务器上的页面，是一个由许多互相链接的超文本组成的系统，通过互联网访问。在这个系统中，每个有用的事物，称为一样"资源"；并且由一个全局"统一资源标识符"（URI）标识；这些资源通过超文本传输协议（Hypertext Transfer Protocol）传送给用户，而后者通过点击链接来获得资源。

WWW 最早起源于 1989 年，设于瑞士欧洲核子研究中心的 TIM Berners-Lee 为了能快速地在网络上检索核物理方面的信息，采用了一种称为超文本的技术。之后伊利诺斯州立大学的国家超级计算中心 NSCA 研制了一种图形浏览器称为 Mosaic，可以在 Web 浏览器上下载图形以便浏览，这项发明引起了 WWW 技术的极大关注。图形浏览器使人们不仅可以浏览文本信息还可以浏览多媒体信息，多媒体给 Internet 带来了新意。

WWW 是 Internet 走向商业化的巨大推动力之一。许多网络应用如远程教育、VOD 视频点播、电子商务等都是以 WWW 技术作为基础发展起来的。Internet 使所有的信息以 WWW 为基础形成了一张巨大的信息网络，而且通过各种方式使人们可以非常迅速、方便地获取这些信息。WWW 还包容了其他获取信息的方法，包括 E-mail、Gopher、Telnet 和 FTP 等。从某种意义上说，WWW（万维网）已经成了 Internet 技术的代名词，一般人们所说的"上网"都是指访问万维网。今后不排除这种可能：任何获取信息的形式都将统一到 WWW。

6.2 Internet 应用

6.2.1 浏览器的使用

浏览器是 WWW 的客户端程序，又称为 WEB 浏览器，是 WWW 的重要组成部分。浏览器与 WEB 服务器之间通过应用层协议 HTTP 进行通信，通信的基本数据单元是 WEB 网页，浏览器对网页进行解释，把网页中的信息提供给用户。

第一个图形浏览器是由伊利诺斯州立大学 MARC ANDREESSEN 于 1993 年写出来的 Mosaic。它的出现对于 Internet 的信息获取方式给出了一个全新的概念，对 Internet 的发展起到了巨大的推动作用。之后图形浏览器相继推出，比较有影响的浏览器是 Netscape 公司的 Internet Explorer（又称为 IE）浏览器的实现过程。通过 TCP/IP 网络，WWW 浏览器首先与 WWW 服务器建立连接，浏览器发送客户请求，WWW 服务器做出相应的响应，回送应答数据，最后关闭连接，这样一次基于 HTTP 协议的会话完成。WWW 浏览器能够处理 HTML 超文本，提供图形用户界面。

如何使用浏览器如图 6-21 所示。

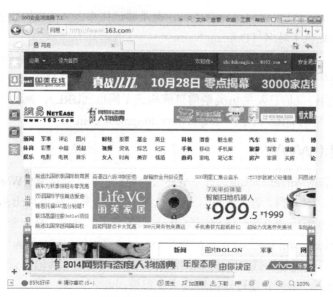

图 6-21　360 安全浏览器

① 一般情况下，会将最常访问的网页设置为浏览器的首页。设置方法为在 IE 的"工具"菜单中选择"Internet 属性"命令，在其"地址（R）"一栏中输入要设置的网址即可。如图 6-22 所示。

② 如果想把喜欢的网页位置记录下来，以便以后可以再次方便地访问，可以通过浏览器的收藏夹（即网络书签功能）来实现。只需要在要收藏的网页中，选择浏览器的"收藏"菜单中的"添加到收藏夹"命令，并在随后出现的对话框中进行设置即可。如图 6-23 所示。

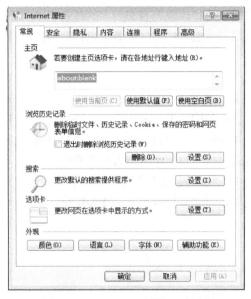

图 6-22 "Internet 属性"对话框

图 6-23 "添加收藏"对话框

③ 在"Internet 选项"对话框的"安全"设置区中，可以网页浏览时浏览器的安全级别进行相应的设置。如图 6-24 所示。

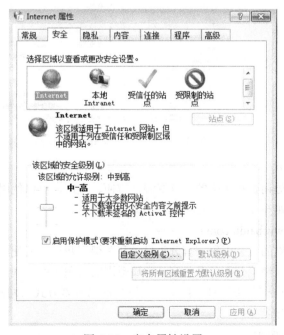

图 6-24 安全属性设置

6.2.2 搜索引擎的使用

搜索引擎是一个对信息资源进行搜集整理，然后供用户查询的系统，它包括信息采集、信息整理和用户查询三个组成部分。传统搜索引擎是针对互联网上的信息资源的，但近年来迅猛发展的桌面搜索、邮件搜索、地图搜索等极大地扩展了搜索引擎的应用领域。

搜索引擎是网民在互联网中获取所需信息的重要工具，是互联网中的基础应用。搜索引擎已经成为互联网的最主要应用之一和网民了解新网站的重要途径，我们有必要了解搜索引擎的使用方法，以便更好地利用搜索引擎这个工具。从用户使用搜索引擎的方法来看，可以分为分类目录式搜索和关键词搜索两大使用方法。

（1）分类目录式搜索方式

分类目录既是一种搜索引擎的信息采集方式，也是一种搜索引擎的搜索方法。

把信息资源按照一定的主题分门别类，建立多级目录结构。大目录下面包含子目录，子目录下面又包含子子目录……依此原则建立多层具有包含关系的分类目录，在采集信息时分类存放。在这种分类采集方式中，需要以人工方式或半自动方式采集信息，由编辑人员查看信息之后，人工形成信息摘要，并将信息置于事先确定的分类结构中。"分类目录"既是一种信息的采集方式，也是一种使用搜索引擎的方式。用户查找信息时，采取逐层浏览打开目录，逐步细化，就可以查到所需信息。如图 6-25 所示。

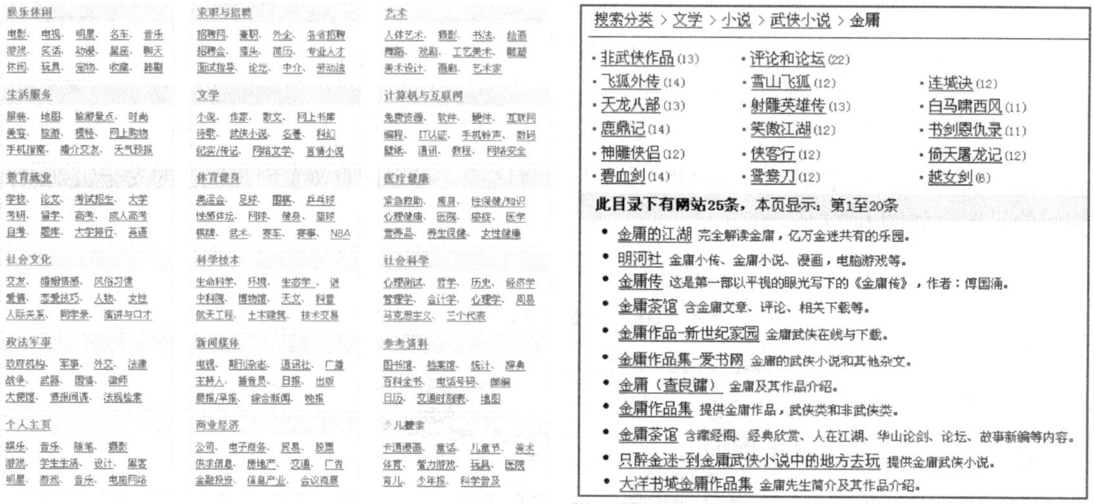

图 6-25 分类目录式搜索方式

（2）关键词搜索方式

特点：用户输入关键词查找所需的信息资源，方便、直接，可以使用逻辑关系组合关键词，对满足选定条件的资源准确定位。如图 6-26 所示。

例：百度（http://www.baidu.com）。

很多综合型网站提供的搜索引擎兼有分类目录和关键词两种搜索使用方式。既可直接输入关键词查找特定信息，又可浏览分类目录了解某领域范围的资源。而一些专业的搜索引擎门户，如 Google、百度等，虽然也有分类目录，但主要是以关键词搜索方式为网民服务的。

（3）典型的搜索引擎实例

如图 6-27～图 6-29 所示。

图 6-26　关键词搜索方式

图 6-27　谷歌搜索

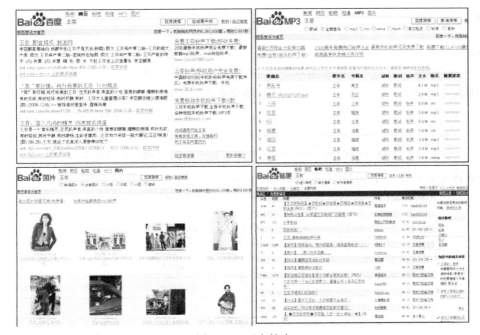

图 6-28　百度搜索

图 6-29　新浪爱问搜索

6.2.3　门户网站

所谓门户网站，是指通向某类综合性互联网信息资源并提供有关信息服务的应用系统。门户网站最初提供搜索引擎和网络接入服务，后来由于市场竞争日益激烈，门户网站不得不快速地拓展各种新的业务类型，希望通过门类众多的业务来吸引和留驻互联网用户，以至于到后来门户网站的业务包罗万象，成为网络世界的"百货商场"或 "网络超市"。从现在的情况来看，门户网站主要提供新闻、搜索引擎、网络接入、聊天室、电子公告牌（BBS）、免费邮箱、电子商务、网络社区、网络游戏、免费网页空间，等等。在我国，典型的门户网站有新浪网、网易和搜狐网等。简单地说就是著名的、内容包罗万象的、访问量特别大、影响力也特别大的网站就叫门户网站。如表 6-1，是中国四大门户网站。门户网站排行榜如图 6-30 所示。

表 6-1　中国四大门户网站

网站名称	创始人	创办时间	备注
新浪	王志东	1998 年	
搜狐	张朝阳	2000 年	搜狗（子公司）2004 年
腾讯	马化腾	1998 年	
网易	丁磊	1997 年	

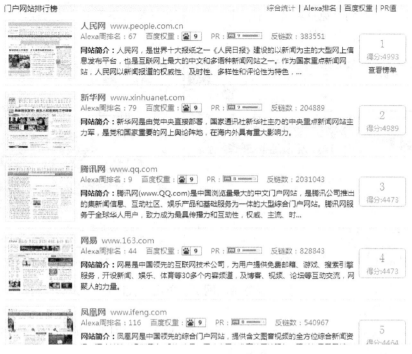

图 6-30 门户网站排行榜

6.2.4 收发电子邮件

电子邮件（Email）服务是 Internet 最重要的信息服务方式之一，使用 Email 可以发送和接收英文文字信息，也可发送和接收中文及其他各种语言文字信息，还可收发图像、声音、执行程序等各种类型文件。

（1）特点

① 可以用先进的计算机工具书写、编辑或处理电子邮件。

② 它提供一种简易、快速的方法，使每个人都能通过 Internet 同世界各地的任何人或小组通信。

③ 邮件传递不仅准确快捷，而且不受时间和用户计算机状态的限制。

④ 电子邮件除了具有一般邮件功能外，还可广泛用于各种信息交流和传播的领域。

⑤ 电子邮件的收发与管理可以利用非常简便和有效的工具等。

（2）电子邮件的格式

电子邮件的格式大体可分为三种：邮件头、邮件体和附件。

① 邮件头。邮件头相当于传统邮件的信封,它的基本项包括收件人地址、发件人地址和邮件主题。

② 邮件体。邮件体就相当于传统邮件的信纸，用户在这里输入邮件的正文。

③ 附件。附件是传统邮件所没有的东西，它相当于在一封信之外，还附带一个"包裹"。这个"包裹"是一个或多个计算机文件，可以是数据文件、声音文件、图像文件或者是程序软件。

（3）申请电子邮件账号

① 在计算机连接到网络以后，打开 IE 的工作窗口,在地址栏输入免费电子邮箱主页的网址，浏览器调入网页后屏幕显示如图 6-31 所示。

② 将鼠标指针移到"免费申请"字样上，当鼠标指针变为小手形状的时候，单击鼠标左键，浏览器将打开如图 6-32 所示的网页。

图 6-31　申请邮箱账号第一步　　　　　图 6-32　申请邮箱账号第二步

③ 单击"完成"按钮，系统打开服务条款网页，单击"我同意"按钮，将打开填写个人资料网页，如图 6-33 所示。

④ 添写完个人资料后，拖动网页右侧垂直滚动条向下滚动网页，单击"完成"按钮，填写的所有资料会显示在新的网页上，如图 6-34 所示。

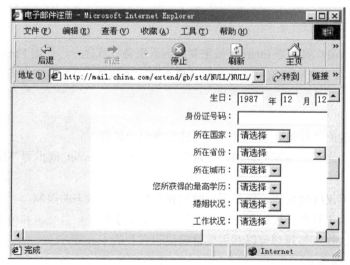

图 6-33　申请邮箱账号第三步

⑤ 单击"完成"按钮,在新的网页中提示"您已经注册成功"。

至此，已经注册了一个电子邮件地址，单击"返回"按钮，返回到主页，输入用户名或口令就可以接收和发送电子邮件了。

（4）接收和发送电子邮件

① 接收电子邮件的具体步骤

a．将计算机连接到 Internet，启动 IE 浏览器，在地址栏输入 http//www.china.com，按回车键后打开主页，输入用户名和密码，单击"登录"按钮进入电子邮箱，如图 6-35 所示。

b．单击左边列表里的"收邮件"按钮，就可以阅读目前收到的电子邮件了。

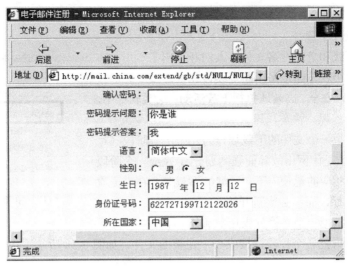

图 6-34　申请邮箱账号第四步

② 发送电子邮件的具体步骤

a．单击电子邮箱窗口左边列表里的"发邮件"链接，即可进入发邮件的网页，如图 6-36 所示。

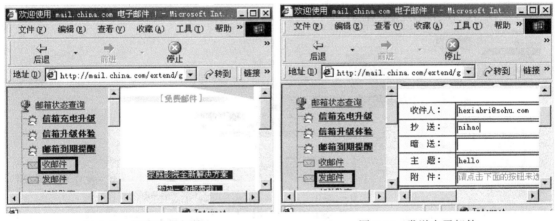

图 6-35　接收电子邮件　　　　　　图 6-36　发送电子邮件

b．在"收件人"文本框里输入对方的电子邮件地址，在"主题"文本框里填写信件的内容提要，在下面的文本框里输入信件的正文，然后单击"发送"按钮，系统就会把这封信发送到收件人的电子邮箱里了，发送成功以后，网页上会出现文字信息，提示用户邮件已经成功发送。

6.2.5　下载文件

所谓文件下载，从本质上来说就是把网络上的文件（包括程序文件和网站页面）保存到本地的磁盘上。广义地讲，包括网页浏览和独立文件下载。狭义地理解，一般特指将独立的文件保存到本地磁盘上，而将网页的下载称为"浏览"。

常见的下载方式主要有直接保存和通过客户端软件下载两种方式。

（1）直接保存方式

所谓直接保存方式，是指对要下载的文件链接，点击鼠标右键，在出现的快捷菜单中选择"目标另存为（A）…"命令项。如图 6-37 所示。

（2）客户端软件下载

为了更好地下载和管理网络文件，人们开发出了专用的客户端下载软件。这类软件通常采用断点续传和多片段下载等技术，来保证下载可以安全、高效地执行下载活动。这类软件中，比较著名的有超级旋风、快车、迅雷等。

断点续传是指把一个文件的下载划分为几个下载阶段（可以人为划分，也可能是因网络故障而强制划分），完成一个阶段的下载后软件会做相应的记录，下一次继续下载时会在上一次已经完成处继续进行，而不必重新开始。

多片段下载是指把一个文件分成几个部分（片段），同时下载，全部下载完后再把各个片段拼接成一个完整的文件。如图 6-38 所示。

图 6-37　直接保存方式下载文件

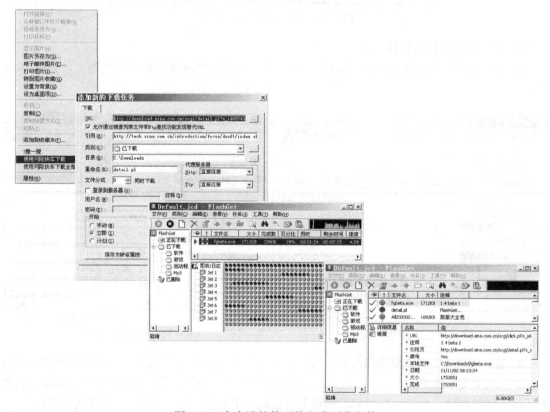

图 6-38　客户端软件下载方式下载文件

课后习题

1. 填空题

（1）网络操作系统除了具有通常操作系统的四大功能外，还具有的功能是（　　　　）。

（2）把计算机与通信介质相连并实现局域网络通信协议的关键设备是（　　　　）。

（3）计算机网络的目标是实现（　　　　）。

（4）中国的第一级域名是（　　　　）。
（5）用于电子邮件的协议是（　　　　）。
（6）计算机网络在逻辑上可分为（　　　　）和（　　　　）。
（7）最常用的网络拓扑结构主要包括（　　　）、（　　　　）、（　　　　）、（　　　　）、（　　　　）和（　　　　）。
（8）按照网络覆盖的地理范围的大小，可以将网络分为（　　　　）、（　　　　）、（　　　　）。
（9）协议有（　　　　）、（　　　　）、（　　　　）三个要素。
（10）计算机网络是（　　　　）和（　　　　）结合的产物。

2. 选择题

（1）如果某机构申请的域名为".Com"，则表示该机构属于（　　）。
　　A．军事机构　　　　　　　　B．营利性商业组织
　　C．国际组织　　　　　　　　D．科研教育机构
（2）域名是一种使用方便、易于理解的名称，一般结构为（　　）。
　　A．主机名.区域层次名.国家或地区名　　B．国家或地区名.主机名.区域层次名
　　C．区域层次名.主机名.国家或地区名　　D．主机名.国家或地区名.区域层次名
（3）在 IE 浏览器地址栏输入 URL 时，如果省略协议名，则默认的协议是（　　）。
　　A．POP3　　　　B．FTP　　　　C．HTTP　　　　D．SMTP
（4）下列网站中，不属于专业搜索引擎的是（　　）。
　　A．百度　　　　B．搜狗　　　　C．Google　　　　D．易趣
（5）按（　）键可复制网页中已选中的文字内容，再按（　）键可将它们粘贴在 WORD 中。
　　A．Ctrl+A　　　B．Ctrl+C　　　C．Ctrl+X　　　D．Ctrl+V
（6）下列软件中，不是下载工具软件的是（　　）。
　　A．迅雷　　　　B．eMule　　　C．FlashGet　　　D．QQ
（7）电子邮箱地址有固定的格式，即 user@mail.server.name。其中 user 是收件人的账号，@是连接符，mail.server.name 是（　　）。
　　A．收件人的电子邮件服务器名　　B．寄件人的电子邮件服务器名
　　C．电子邮箱的名称　　　　　　　D．电子邮箱所在的网页名称
（8）下列网站中，哪个不属于中国四大门户网站（　　）。
　　A．搜狐　　　　B．新浪　　　　C．网易　　　　D．Chinaren

综合实训

实训一　浏览器的使用

【实训目的】
1．熟悉 IE 浏览器。
2．熟练使用各种搜索引擎。

【内容步骤】
1．打开 IE 浏览器。
2．显示菜单栏、收藏夹栏、命令栏、状态栏。

3．设置多主页，其中百度网站主页（www.baidu.com）为第一主页，搜狐网站为第二主页（www.sohu.com）。

4．使用百度搜索引擎，搜索与 IP 地址和域名知识相关的网页，并且把搜索到的网页添加到收藏夹中。

实训二　浏览器的使用

【实训目的】

1．掌握收集资料的方法。

2．练习下载各种资源，并且合理收集。

【内容步骤】

1．打开 IE 浏览器。

2．打开百度搜索引擎。

3．在 E 盘根目录创建 4 个文件夹：文本、图片、音乐、视频。

4．搜索 IP 地址和文本资源，在 D 盘根目录文本文件夹中，创建写字板文档，并将文本资源存放到该写字板文档中。

5．搜索关于 IP 地址和域名的图片资源并下载，将下载的图片文件存放到 E 盘根目录中的图片文件夹下。

6．搜索 take me to your heart 英文歌曲作为音乐资源下载，将下载文件存放到 D 盘根目录的音乐文件夹下。

7．搜索关于 IP 地址和域名的视频资源并尝试下载，将下载的视频文件存放到 D 盘根目录的视频文件夹下。

实训三　网络交流

【实训目的】

1．掌握申请和使用电子邮箱的方法。

2．练习网上聊天。

3．掌握网上求职的方法。

【内容步骤】

1．申请免费电子邮箱。

2．搜索下载阿里旺旺或 QQ 软件。

3．安装软件。

4．申请旺旺或 QQ 账号。

5．与同学互加好友并聊天。

6．探索发送图片的方法。

7．探索语音和视频聊天。

参考文献

[1] 周南岳.计算机应用基础.北京：高等教育出版社，2009.

[2] 陈信.办公自动化.上海：复旦大学出版社，2013.

[3] 王诚君，杨全月，聂娟.Office2010高效应用.北京：清华大学出版社，2013.

[4] 龙马工作室.Windows7从新手到高手.北京：人民邮电出版社，2011.

[5] 卢湘鸿.计算机办公软件应用案例教程.北京：清华大学出版社，2013.

[6] 赵建锋.办公软件高级应用教程.北京：中国水利水电出版社，2013.